U0520590

吸引力

成就人格魅力的9项修炼

季长瑜 乔思远 ◎著

当代世界出版社
THE CONTEMPORARY WORLD PRESS

图书在版编目（CIP）数据

吸引力：成就人格魅力的9项修炼 / 季长瑜，乔思远著. -- 北京：当代世界出版社，2024.6
ISBN 978-7-5090-1833-0

Ⅰ.①吸… Ⅱ.①季…②乔… Ⅲ.①成功心理-通俗读物 Ⅳ.①B848.4-49

中国国家版本馆CIP数据核字（2024）第085814号

书　　名	吸引力：成就人格魅力的9项修炼
作　　者	季长瑜　乔思远
出 品 人	李双伍
监　　制	吕　辉
责任编辑	李俊萍
特约编辑	王　景
出版发行	当代世界出版社有限公司
地　　址	北京市东城区地安门东大街70-9号
邮　　编	100009
邮　　箱	ddsjchubanshe@163.com
编务电话	（010）83908410转804
发行电话	（010）83908410转812
传　　真	（010）83908410转806
经　　销	新华书店
印　　刷	文畅阁印刷有限公司
开　　本	880毫米×1230毫米　1/32
印　　张	7.5
字　　数	150千字
版　　次	2024年6月第1版
印　　次	2024年6月第1次
书　　号	ISBN 978-7-5090-1833-0
定　　价	59.90元

法律顾问：北京市东卫律师事务所　钱汪龙律师团队（010）65542827
版权所有，翻印必究；未经许可，不得转载。

目录 Contents

推荐序一   I
推荐序二   V
推荐序三   IX
前言   1

第一章　有能｜知荣辱
——人格魅力必炼独当一面的能力

1　为赢而来是生命的最大意义   002
2　职场从来不相信眼泪   005
3　即使争不了第一也要当唯一   009
4　你思想的字典中盛满了什么？   013
5　炼就所向披靡的人格魅力   017

第二章　有信｜存敬畏
——人格魅力必重忠诚守信的口碑

1　忠诚绝非因为背叛的筹码不够   022

2	信用一旦破产便很难恢复	027
3	衡量个人诚信美誉度的4杆标尺	030
4	善意的谎言并不失诚信本色	035

第三章　有品｜守良知
——人格魅力必修抵御诱惑的定力

1	有品是底线，有德是追求	040
2	人品败光终将追悔莫及	042
3	警惕欲望支配下的无底深渊	045
4	内在三观是外在行为的指南针	049
5	设定底线警报器以守护初心	051

第四章　有责｜轻得失
——人格魅力必挑责任考验的担当

1	"位卑未敢忘忧国"不是一句大话，而是一种担当	056
2	有一种智慧叫100%承担责任	059
3	借口越真只会害人越深	063
4	"我尽力了"：一旦说出便会停止努力	065
5	"我以为"：每个人仅有一次使用机会	068
6	"我忙忘记了"：暴露你对他人的承诺并不放在心上	071
7	"这不关我的事"：拒绝承担就会输掉未来	073
8	"我这人就这样"：每一次傲慢都是在为自己挖坑	076
9	"大不了不干了"：你的缺点不会因辞职消失	079

第五章　有恒｜善隐忍
——人格魅力必承坚韧不拔的信念

1	真有恒心者从不将坚持挂在嘴边	086
2	眼光准是避免患得患失的前提	090
3	果断出手让拖延症不治而愈	095
4	公众承诺加速目标达成	100
5	以清晰准确的定位找准自己的角色	103
6	勇于坚持真理才能避免"人设"崩塌	106
7	择一业、精一事、终一生	109

第六章　有爱｜常利他
——人格魅力必行成人之美的善举

1	唤醒爱：爱是与生俱来的	116
2	给予爱：爱是一切感性问题的答案	121
3	升华爱：唯有深爱才能迸发极致的力量	126
4	读懂爱：懂一个人比爱一个人更重要	130
5	认清爱：无情是世间最特别的爱	135
6	拒绝爱：向一切以正义为名的道德绑架说"不"	137
7	传递爱：来一场爱的接力赛	141

第七章　有度｜育胸襟
——人格魅力必有海纳百川的度量

1	人生90%的事都不值得生气	150

2	胸怀从来不靠委屈撑大	154
3	凡是你看不顺眼的都是需要你反思的	158
4	完美是美，残缺也是别样的美	164
5	让你有度量，没让你做老好人	168

第八章　有趣｜葆童真

——人格魅力必备让人愉悦的活力

1	有趣是社交的万能钥匙	174
2	永葆童心才能感受生活的乐趣	176
3	短视频给人快感，也毁人快乐	179
4	知识底蕴决定你的语言魅力	185
5	自嘲是应对尴尬的良药	190

第九章　有心｜悟人生

——人格魅力必明活出真我的自在

1	活出真性情，人生从此不同	196
2	最有意义的活法便是实现自我价值	199
3	发愿利众方为幸福之本	203

寄语｜匠心成就人格魅力	**207**
后记｜致谢	**209**
推荐语	**215**

推荐序一

Recommendation

在这个到处充斥着"焦虑"的世界，我们是否还需要用心去思考如何"成就自身人格魅力"这个话题？

答案是肯定的。

我们先一起来厘清两个问题：第一个问题是，当我们谈论一个人的魅力时，我们在谈论什么？第二个问题是，魅力这东西和困扰大多数人的焦虑情绪又有着怎样的关系？

韩裔德国哲学家韩炳哲在他的系列丛书中，对当代人焦虑的形成有系统地推演。简单来说，当全球进入数字经济时代，去中心化和移动互联的高速发展，让大多数人实现了艺术先驱安迪·沃霍尔的超前预言——"每个人都有机会成名15分钟"。

然而，正是这个超前预言，隐藏着一个可能引发人人自危的问题，即我们每天都在主动或被动地看他人表演，我们每天都在有意或无意地陷入跟他人的比较中。

是的，大部分人的大部分焦虑正来自这种"比较"。不论是职场的焦虑、情场的焦虑、养娃的焦虑、容颜的焦虑，甚至是八卦知情权的焦虑，无不由"比较"而生。

在这些来势汹汹无法逆转的焦虑之中，所有人到后来只有两种选择：主动成为玩家或被动成为非玩家。

现在可以回答上面的问题了：

什么是魅力？即成为玩家必备的虚拟币。

魅力和焦虑的关系是怎样的？魅力是从非玩家进阶到玩家的必备素质。提升魅力才有可能为自己拓展玩家的场域，提升吸引力才能让自己拥有"玩家值"。

确立了这一前提，我们再来看《吸引力》这本书的内容是否能给大部分读者提供"玩家值"。

答案显然也是肯定的。

判断一部作品是否能够提升个人能力，可以从以下几个维度来衡量。

首先，作者写作的焦点在他自己还是在读者。

先说反例，很多把"智商税"包装成"成功学"的鸡汤文都存在一个问题：你看了半天，对方都是"我我我"，乍一看感觉"好厉害"，看完之后还是过不好自己的人生。

张爱玲曾披露过一类人的写作真相，大意是，有的人对自己的肚脐眼感兴趣，也希望其他人都产生兴趣。因此，在这样一个每个人的时间都需要格外被珍惜的时代，防止被割韭菜的关键就是远离焦点在自己的"肚脐眼文学"。

《吸引力》则是后者，作者的初衷和目的都很明确，这是一部将焦点始终放在读者成长上的作品。

其次，不论一个创作者初衷如何，只有理论没有方法同样会陷入从茫然到茫然的闭环。

在方法论这一领域，本书的作者作为培训师有着天然优势，即"系统"和"案例"。

方法是否有效来自且只来自以上这两个重点。

方法通常要在一套完整且逻辑清晰的体系中才可能运用于实践。另外，培训师有多少"临床经验"也很重要。是的，在重塑或提升个人能力这个领域，培训师就像医生，要处理过足够多的案例、积累足够多的实战经验，才能给出真正行之有效的训练。

还有一个容易被忽略的关键点，即作者的三观。

作者的"三观"是一部作品的精髓。《吸引力》的作者三观很正。尤其当网络上充斥着无良自媒体为博眼球故意制造焦虑、为吸引流量刻意制造对立的负面内容时，支持带着端正初心和使命感潜心创作的作品，最终支持的就是每一位"我们自己"。

最后也是最重要的一点，即一本书的意义与价值，作者只能决定一半，另外一半则要由读者决定。

想要把他人总结的"体悟智慧"变成对自己有效的"肌肉记忆"，需要的是认真思考和反复实践。

哪吒说"我命由我不由天"，这句话只说对了一半，应该是"我命由我，也由天"。

在这个看似纷繁复杂的世界，有一种始终没有改变过的公平：你对自己多认真，命运就会回报你多认真；反过来也一样，你若糊弄自己，命运也会糊弄你。

在这个宇宙中，任何事都不是平白无故发生的，如果你恰好看到这本书，那么或许正是宇宙为你发出的某个讯号。

在提升自身吸引力、提高人格魅力的愉悦时刻，祝愿你开卷有益。

《天下女人》《凤凰网非常道》等数十档电台和
电视台节目策划、知名主持人
《几乎爱人》《再见，少年》《男人相对论》等
10余部畅销书作者
大型景观剧《红楼梦》、史诗剧《瀛寰之志》、
话剧《谁没一点病》监制、编剧
电影《五好家庭》导演

秋　微

2024年01月18日

推荐序二 Recommendation

百舸争流，奋楫者先。

当下，正值中华民族伟大复兴历史进程中的关键阶段。

40多年前，国家改革开放的一声号角，成为中华人民共和国在经济、科技、民生等方面实现"中国式现代化"的重要转折点和里程碑，这声号角不仅改变了中国，也改变了世界。

那么，我们真正要改变与革新的是什么？要坚持开放的又是什么？

说到底，一切改革首先是对人们观念层面的革新，一切开放也都源于思想维度的开放，唯有如此，才能与时代紧紧接轨、与大势紧密相连，从而避免因循守旧。上至国家民族，下至商贩走卒，概莫如是。而身处这前所未有的历史性大变革、大时代之中，机遇与挑战时刻同在，希望与危机随处并存，要么你躺在舒适区坐等别人来"革你的命"，要么你主动去寻求自我革新，这就是当今时代为每一个有识者提供的两个最重要的人生选项。

"沉舟侧畔千帆过，病树前头万木春。"

后疫情时代，互联网+自媒体背景下的多元价值观与多元文化纷至沓来，一如春秋战国时的百家争鸣。然而，新时代带给人们的思想并非都是精华，其中也不乏糟粕，有些甚至是披着精华外衣的变异糟粕。每一种不同但合理的观念当然都值得尊重，但究竟哪一种观念才适合自己？到底哪一种活法能成就自己？这就需要我们擦亮双眼，做出正确的选择了。

也因此，无论社会如何变化，人心如何复杂，欲望如何喧嚣，竞争如何激烈，活到老学到老的成长观都是每个人一生不变的修习课题，是谓"以不变应万变"。

这个社会，要不要终身学习不是智者需要去思考的问题，他们需要用心思考的只是该学什么、如何学，还有向谁去学。

事实上，每一个生活在我们身边的优秀的人，无论他是你职场中的上级、老板，生意场上的客户、合作伙伴，还是你生活中的家人和朋友，只要你怀有一颗上下求索的成长心，则每个人都可以是你的老师，也包括巅峰时期的你自己。

有取就有舍，有学便有教。

谈到学习，就离不开教育的话题，就像中国儒家所倡导的"传道、授业、解惑"，这其实是每一个教育工作者的终身使命和崇高追求。

这一点，对于一路从商海奋战到教育领域，并已钻研数十年的我而言，可以说深有体会。

在人生的因缘际会之下，《吸引力：成就人格魅力的9项修炼》一书的作者乔思远与我结缘。尽管大家平时都忙于各自的工作，但这本书分享的不少观点我都深有同感，并表示欣赏。就像书中指出的："去选择自己喜欢与擅长的工作，同时也能帮助他人，则人生的根本幸福，莫过于此。"

可以说，这9项修炼不仅是成就一个人人格魅力与个人品牌的有效路径，也可以成为今天许多心怀梦想却又时常陷入困惑的年轻人的一次思想导航。

这也正是我欣然为本书作序推荐的原因所在，诚挚希望这本书能够帮助更多有缘的读者在人生大道上少走弯路、活出真我，一步一个脚印去成就最好的自己。

最后，我谨对本书正式出版表达由衷的祝贺。

美国诺瓦大学公共决策博士
美国哈佛大学企业管理博士后
英国牛津大学国际经济博士后
《赢在执行（干部版）》《有效沟通》等畅销书作者
上海交通大学海外教育学院国际领导力研究所所长
著名企业管理顾问、教育家、经济学教授
被誉为"华人管理教育第一人"
余世维
2023年11月03日

推荐序 三

Recommendation

当我在宁静的寺院中，翻开季长瑜和乔思远合著的《吸引力：成就人格魅力的9项修炼》，我的心灵立时被这本书的深刻内容所触动。

作为一名出家人，我习惯于在佛法的智慧中寻找生命的真谛，而这本书却以另一种独特的方式，开启了我对现代人格魅力修炼的新视角。

在这个日新月异、竞争激烈的时代，人格魅力成为个人成功与否的关键。这本书正是针对这一需求的指导手册。行深如海，从容于世，真正的人格魅力，并非仅仅来自外在的成就与名利，更多来自内心的平和与慈悲。书中的每一个章节，每一段文字，都在指引我们在繁华的世界中寻找内心的平静与智慧。

在阅读这本书的过程中，我感受到了作者对于人生真谛的探索和对于美好人性的赞颂。我们常说"众生皆有佛性"，而这本书正是以其独特的视角，为读者展现了如何发掘内在的佛性，如何通过自我修炼来提升个人魅力与内在力量，来激发自身的潜能，以成就有影响力、有魅力的人生。书中从能力提升到品格塑造，从责任担当到利他主义，每一项修炼都与佛法中提倡的"自利利他""修菩提心"的理念不谋而合。

佛陀教导我们，一切皆从心开始，一切皆因心转。真正的人格魅力，并非自我膨胀的结果，而是在自我实现的过程中能够关照他人、有利他人，最终达到自利利他的境界。作者通过深入浅出的文字，引导我们认识到，人格的魅力不仅仅是外在表现，更是内在修为的自然流露。

书中对于坚持和毅力的强调，也与佛教中"精进"的概念相呼应。在佛教修行中，无论是坐禅、念诵，还是日常的行持，都需要坚定不移的毅力和持续的努力。在提升个人魅力的道路上，持之以恒的努力同样不可或缺。坚韧不拔、心胸开阔以及幽默感，也是在人生修行的道路上不可或缺的品质。这些品质不仅能够提升一个人的内在修养，更是在漫长的生命旅途中自我超越的重要动力。

在这本书中，我还看到了人生的多重面相。无论是职场上的挑战，还是个人生活中的困惑，作者都以深刻的洞察力和丰富的实例为读者解析。在佛法中，我们将痛苦视为觉醒之路的一部分，每一个挫折，每一次失败，都是个人成长和自我提升的机会。在逆境中保持坚韧与乐观，是通往智慧与内心平静的必经之路。

"一花一世界，一叶一如来。"这本书就像是一朵绽放的莲花，每翻开一页，都能让我们看到一个不同的世界，领悟到一份新的智慧。它不仅仅是一本关于个人成长的书籍，更是一本关于生命、关于智慧、关于内在力量的书籍。

作为一名出家人，我深知修行之路无尽头。这本书为在尘世中奋斗的大众提供了参考，更为我们内心的修行之路指引了方向。衷心祝愿每一位读者都能从中获得智慧和启迪，不断提升自我，成就更加充实和有意义的人生。

愿佛法的慈悲与智慧永远伴随着你们。

南无阿弥陀佛。

禅宗临济正脉第四十五世传人
中国佛教协会理事、嘉兴市佛教协会会长、香海禅寺方丈
上海交通大学EMBA
《预见》《觉察》《闭上眼睛才能看清自己》等畅销书作者
企业家心灵导师和禅修引领者
贤宗法师
2024年01月20日

前言 Preface

时势造英雄，英雄亦造时势。

判断一个时代的好坏，最重要的参考标准无非两点：一是国家是否繁荣富强，二是百姓能否安居乐业。

从这个意义上说，我辈所处之当今时代确系古今未有的大好盛世，尤其自"一带一路"这个旨在构建全人类命运共同体的国际合作倡议实践以来，中华民族的向心力、自信心以及荣誉感都与日俱增，国人皆以国为荣。

而这样的盛世，是由一个个革命年代的先烈、和平时期的英雄所共同铸就的，无论这些先烈和英雄是否有名，其精神永远值得后人学习和弘扬。

遥想百余年前，泱泱华夏还是山河支离破碎、百姓流离失所，几有亡国灭种之危。

而今，14亿中国人民衣食无忧，正在意气风发地向着社会主义现代化强国的第二个百年目标大步迈进——忆往追今，再思及国外的俄乌冲突、巴以冲突等，能作为炎黄子孙生长于如此伟大的中国、强盛的和平时代，又怎能不令人庆幸、感激与自豪？！

如此，我们便能安枕无忧了吗？

答案显然是否定的。

我们必须看到，相比于10年前、20年前，当前繁荣时代带给我们的除了强大和荣耀，还有令人担忧的人性凉薄、人心浮躁等问题。在诸如"饭圈文化""流量至上"等糟粕价值观的影响下，社会乱象频发、丑闻不断，这亦是不容回避的事实与现实。

这种情况当然不符合国人的根本利益，但我们又真实生活于这个世界！正所谓"近朱者赤，近墨者黑"。人在局中，要么随波逐流迷失自我，要么坚守底线重塑价值，唯独难以如隐者般将自己置身局外——无论你是否愿意，这都是生活给每个人的两种选择。

一代人有一代人要成就的事业，一代人也有一代人要完成的使命。

人生不长，青春更短，一如庄子所言："人生天地之间，若白驹之过隙，忽然而已。"

倘若我们在至真至短的青春年华，便甘愿被娱乐至死的风气裹挟并沉湎其中不能自拔，待有朝一日回首往事，又拿什么去致敬业已逝去的宝贵青春？

时光虽贵，其本身却如白纸般没有任何价值，正是我们的存在和行为赋予其闪闪发光的不朽价值。

有人说：人生在世，最重要的是要知道自己想要什么。但其实，作为高居食物链顶端的人类，当真不知道自己想要什么吗？

能洞悉规律者胜，存因果敬畏者久。

事实上，人们追名逐利，一方面可以推动社会发展、人类进步，另一方面却又会惑乱人心。于是，我们总能看到一个个"成也名利、败也名利"的悲剧事件在生活中一再上演，这便正如流传甚广的戏曲《桃花扇》中的名句："眼见他起高楼，眼见他宴宾客，眼见他楼塌了。"

那么，诸如此类的"楼塌"事件有一天会不会也落在我们的头上呢？

我们当然不惧前路的艰难险阻，也不怕人生的跌宕起伏，让我们真正悔恨的是促使塌方的根本原因并非来自上天或者他人的打击，而恰恰来自我们自己。

《增广贤文》中有："君子爱财，取之有道。"

李嘉诚认为自己的商业成功之道是："好谋而成，分段治事，不疾而速，无为而治。"

人生究竟有没有一条路径，能让有志者成其伟业、有才者遇其知音、有心者得其自由？

纵观古今中外那些功成名就并得以善终的人，我们发现，他们都具有一个共同特质，那便是人格魅力！可以说，每一个拥有人格魅力的人，都能在顺境时得到众人相帮，在逆境时也能吸引贵人相助。换言之，正是人格魅力为他们保驾护航，使他们既能高高起飞，又能平安落地；而对于大多数并没有想要做一番大事的有才者和有心者来说，人格魅力也能助他们自动屏蔽或化解人生路上无数的明枪暗箭，使之从容不迫地在忙时能一展所长、闲时亦自得其乐。

然而，人格魅力却并不像基因那样与生俱来；人格魅力也不是疫苗，只需打一针就有；真正的人格魅力更不是产品，靠着营销宣传和包装便能获取。

人格魅力犹如道家的内功，需要在生活中不断磨砺修炼得来，这当然需要有系统、有策略地一步步修习。在这个过程中，对眼前利益得失的纠葛可能会让你刚开始并不适应，而一旦你具备人格魅力，它便能襄助你在现实世界中走得更顺。

而这本《吸引力：成就人格魅力的9项修炼》，深度提炼了多位纵横商海的优秀企业家与高管身上共同的成功特质，再融合乔思远与季长瑜两位笔者的心血，历时18个月终于完成！为求行文严谨、方法有效，在完稿后，两位作者又请教多位早已功成名就的前辈、良师（详见本书"后记"）对人生的理解及感悟，最终四易其稿而成书。

生命总有终结，成长没有止境。

整日埋首于枯燥文字间，个中滋味实在一言难尽。一言以蔽之，便是"痛并快乐着"。而作者坚持创作的最大发愿，便是期冀读者朋友在读完本书"有能""有信""有品""有责""有恒""有爱""有度""有趣""有心"这9大章节所分享的观点、方法、案例等内容后，能有所收获。

当然，一家之言，仅供参考。

若您在阅读过程中发现本书有因笔者学识有限等原因所致的疏漏之处，欢迎通过封面勒口上的作者邮箱进行反馈。最后，谨借当代艺人张艺兴的一句话与读者共勉：

"以我来时路，赠你沿途灯。所历旧风雨，共作好前程。"

季长瑜　乔思远

2023年11月22日于上海

第一章
CHAPTER 1

有能 | 知荣辱

人格魅力必炼独当一面的能力

1 为赢而来是生命的最大意义

> 当时间的主人,命运的主宰,灵魂的舵手。
>
> ——罗斯福

赢。

一个人,忙忙碌碌奋斗这一生,说到底是为了赢。

在我们整个人生历程中,始终贯穿着各种努力取得的赢:少年时为学业的赢、青年时为工作的赢、壮年时为家庭的赢、中老年时为子女后代的赢……可以说,只要还在红尘中行走,无论是谁,多数行为都是为赢而存在的。

赢,能赋予人们乐趣之花、成就之果,也意味着我们正走在正确的人生赛道上,能使我们生出迎接下一次挑战的勇气与力量——勇于突破自我、超越昨天,这本就是深刻于人类基因中的天性。

也因此,整个人类文明才能从原始社会一路进化到今天的

信息时代，我们才有了人工智能、云计算、5G、航天飞机以及宇宙飞船……从本质上说，这正是人类在不断创造一个又一个赢的结果。

一个人或者一个群体，在遭遇挑战时一次不赢可以接受，一时不赢也能够调整，但若是一直赢不了，他或他们可能会不受控制地产生自我否定的念头，轻则失去斗志，严重时甚至可能万念俱灰。

读过刘慈欣科幻巨著《三体：地球往事》的朋友，都能直观地感受到这一点。

当人类世界的基础科学被三体人的两颗微观智子锁死后，全世界身处科研领域的科学家在这一"事实"面前，都因对物理学的信仰崩塌而绝望；直到人类后来通过古筝行动破解了智子秘密，"赢"了三体人，笼罩在人类科学家头上的浓雾才散开。

人生路，说长亦短，说短亦长。

任何遭受挫折以至身陷绝境的人，只要他还相信明天能赢，即使一息尚存也绝不会轻言放弃。

——如此，赢等同于成功吗？

两者有相似之处，却也有着重大的不同。

成功，是一个个阶段性目标的不断达成，而所有这些目标达成的最终意义都汇集成了一个字：赢。两者之间的关系，颇像战术与战略，战术是服务于战略的。正如打赢一场战斗是为了打赢一场战役，打赢一场战役是为了打赢一场战争，打赢一场战争则是为了实现某一个战略目的。也因此，战略设计优先于战术目标，赢的内涵包括成功又不仅仅包括成功。

当战术成功与战略目的错位时,将要付出的代价是巨大的。比如二战时日军成功偷袭珍珠港,却为日本军国主义的覆亡敲响了丧钟;再比如"南辕北辙"故事中的主人公,因方向错误永远不可能到达目的地。

当你为追名逐利不择手段却压根没明白何为人生的赢时,已然走在了输的路上。

为赢而来,本是生命的最大价值与意义。

2 职场从来不相信眼泪

> 万事自有定数，万难自有解数。
>
> ——老子

● 中年大汉的哭泣

都市的某个夜晚。

街边霓虹闪烁，路上车水马龙，广场上健身爱好者们正欢快舞动，不远处的居民楼已点亮灯火。

使我从如此祥和的人间夜景下猛然回头观望的，是一个极不寻常的声音！

那是一个中年男人哭泣的声音。

这情景，瞬间令我为之动容！即使多年过去，那位大汉撕心裂肺的哭泣仍令我无法忘怀：一面快走，一面挥袖抹泪的他就像个孩子，痛哭的模样令人心疼。

英雄逢末路，途穷天地窄。

一个七尺男儿，究竟遭受了怎样的挫折或伤害，才会如此不顾一切地尽情挥泪？他从我身边闪过的那一刻，我脑海中出现了很早以前读过却未加细究的两句诗："丈夫有泪不轻弹，只因未到伤心处。"

"飘飘入世，如水之不得不流，不知何故来，也不知来自何处；飘飘出世，如风之不得不吹，风过漠地又不知吹向何许。"近千年前，波斯大文豪莪默·伽亚谟对于人生无常便有如此深刻的领悟。

那位于人前痛哭的壮汉内心一定是坚强的，也是可敬的，我至今仍然这样认为。

他也许是遇到了事业破产，又或者是遭受了爱人背叛……但无论如何，我知道他一定没有在相关当事人面前如此失态！那些心中悲愤但内在刚强的人，会将泪水洒在所有人都转身后。他们都坚定地相信这样一个生存哲学："我可以脆弱，但绝不是在你面前。"同理，我们可以偶尔向家人哭诉心中的委屈，但决不要在职场中展示软弱，除非是喜极而泣的感动。

是的，职场从来不会同情弱者，也越来越不相信眼泪。

● 面对机会必须敏感，面对挫折却要钝感

有位学员曾在课堂上向我提出这样的问题：

"乔老师，我一直很在乎同事的评价，也想和每一个人搞好关系，但不管我怎么做都会有人对我不满意，这让我时常感到苦恼，是我太执着还是太敏感？"

孟子有言："行有不得，反求诸己。"

想要和同事搞好关系有错吗？没有，也应该如此，但既然没做到，那肯定是什么地方出错了。

该学员能在公众场合提出这个问题，显然是有勇气的！一时间，其他同学也都在翘首以盼我的解答。于是，我向现场另一位学员借了一张百元大钞，就有了下面和他的对话：

我问："如果你看到这张钱掉在地上，你会弯腰捡起它吗？"

"会。"他的回答干脆利落。

我继续问："如果面值是50元的呢？"

"会。"他依然没有丝毫犹豫。

我又问："那要是1块钱呢？"

"可能……也会吧。"他有点犹豫。

我再问："要是1分钱呢？"

…………

这是一次极简却生动的教学对话，我们可以从中推导出如下真相：

（1）当你成为别人眼中的"百元大钞"，就会有人主动向你靠近，所以最重要的是不断提升自己。

（2）当你身边出现"百元大钞"，你一定要抓住机会，反应要快，稍有迟疑这个机会就属于别人了。

（3）若你目前仅具有"1分钱或1毛钱"的价值，那对他人的轻视甚至冷嘲热讽其实无须介怀。

（4）当你本身的眼界已经达到"百元大钞"的高度，便不会再为从前"1分钱或1毛钱"的小事而烦恼。

…………

有一位喜剧演员曾说："我并不知道成功的秘诀，但失败的关键却是因为你想取悦所有人。"

通达的人常说："你不是人民币，怎么可能人人都喜欢？"但其实，即使你是人民币，也未必能让人人喜欢——假如你化身成1分钱躺在马路上，那么不但没几个人会为你弯腰，可能很多人连看都懒得多看你一眼。

理念不同，眼界和行为自然也不同。

也因此，当机遇来临时，保持敏感才能察觉并捕捉到它；当逆境来临时，保持钝感才能好好保护自己。

一如日本作家渡边淳一在其代表作《钝感力》一书中所倡导的："从容去面对生活中的挫折和伤痛，坚定地朝着自己的方向前进，它是'赢得美好生活的手段和智慧'。"

最后，贴一张不同类型的人敏感与钝感的分析图，方便读者朋友们更直观地了解"敏感与钝感"（见图1-1）。

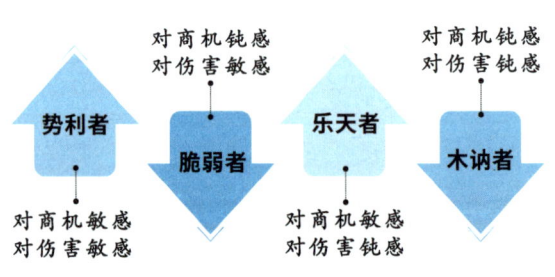

图1-1 不同类型的人敏感与钝感分析

3 即使争不了第一也要当唯一

> 欲为天下第一等人,当做天下第一等事;做当今一个好人,须壁立千仞。
>
> ——胡居仁

● **第一是品牌,其他只是牌子**

在联想Yoga平板笔记本的发布会上,有记者在采访中向杨元庆提出这样一个问题:"联想登顶PC第一名还有何意义?"

"你知道世界第一高峰是什么吗?"杨元庆反问。

记者说:"珠穆朗玛峰。"

杨元庆又问:"那第二高峰呢?"记者说:"不知道。"

杨元庆说:"这就是我们要成为第一的意义,它能极大地提升我们的品牌。"

对企业来说,名列第一梯队是品牌,其他都只是一个牌子。

对个人来说大抵也是如此，每一个职场人都可以拥有自己的"职业品牌"！在与外界对话的过程中，我们就是在展示自己这份独一无二的"产品"——质量过硬的真品受到追捧，质量不好的赝品遭遇嫌弃。

"事如芳草春长在，人似浮云影不留。"

每个职场人都有杀青的那一天！那时的我们能为自己的职业生涯打几分？当你退出江湖，江湖上又是否会留下你的传说？这就是说，无论有无正式的评比，无论有无外界的表彰奖励，也无论你正在从事何种工作，都应全力以赴至少做到一次第一！如果第一成为你的日常，那么优秀便会成为你的一种特质，一如苏辙在《论语拾遗》中所说："火必有光，心必有思。"

想成为第一只是目标，为什么要成为第一才是目的。

换言之，当你想做好某件事时，可能会多次尝试；但唯有当你明确为什么要做好这件事时，才能产生百折不挠的意志。

基于职场新人对"目标"和"目的"这两个重要概念容易混淆的现状，给大家看个金字塔模型（见图1-2）。

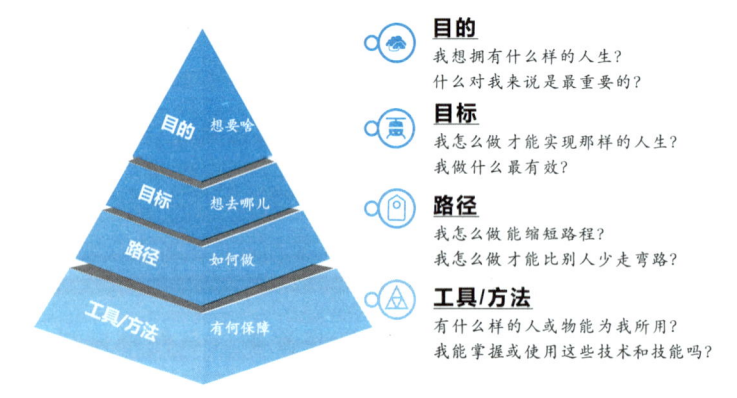

目的
我想拥有什么样的人生？
什么对我来说是最重要的？

目标
我怎么做才能实现那样的人生？
我做什么最有效？

路径
我怎么做能缩短路程？
我怎么做才能比别人少走弯路？

工具/方法
有什么样的人或物能为我所用？
我能掌握或使用这些技术和技能吗？

图1-2　金字塔模型

"想要啥"和"想去哪儿"有本质不同。

比如说，你最近心情不好，想通过外出旅游散散心。注意，"散心"才是你的目的，"去某处"只是目标，"如何去"是路径工具，"有何保障"则是你需要掌握的攻略与技能。否则，等你到达某处，才发现该地竟然人山人海，原本郁闷的心情会不会雪上加霜？

● 唯一就是换个方向的第一

在这个处处"红海"的商业竞争时代，你要么战胜他人成为第一，要么超越自己成为唯一，否则，只能黯然出局。

在同一时间段、同一项目类别的职业评比中，只能产生一个第一！就像足球比赛一样，即便两队积分相同，也一定会通过其他方面的比较决定胜负。但"唯一"却可以同时有很多个。比如，公司在评出销售冠、亚、季军后，会同时设置诸如最佳进步奖、最佳服务奖等一系列荣誉奖项。

第一本身就是唯一，唯一也是一种第一；或者我们也可以这样说：唯一，就是换个方向的第一。

当我在课堂上提出这个观点时，有学员立马举手反问："老师，那么倒数第一也是换个方向的唯一吗？"

此问一出，不少学员哈哈大笑。

看过《射雕英雄传》的读者朋友都知道，每一个习武者莫不渴望能在"华山论剑"中夺得天下第一。但其实，你再强大都有比你更强大的，你再弱小也有比你更弱小的！所谓的排名第一，也不过是某个时间段的相对结果。只要你每一天都在超越昨天的自己，你就是自己的第一，也是自己的唯一，这才是真正的强者。

有一篇关于爱因斯坦的课文，至今想起仍觉颇有意义，故事大意是这样的：

在一次手工课上，老师在一大堆手工作业中挑出一个制作很丑的小板凳，问："同学们，你们有谁见过这么丑的小板凳？"同学们哄堂大笑。

这时，爱因斯坦红着脸站了起来，说："老师，我见过比它更丑的小板凳。"同学们都向爱因斯坦看去，只见爱因斯坦从书桌下拿出两个更丑的小板凳说："这是我前两次做的，交上去的那个是我第三次做的，虽然它不是很好看，但是和前两次的相比，总要好一些。"

这回，大家都不笑了，老师和同学们都理解了爱因斯坦。

前进就像登山，我们都希望能有捷径可走，但很多时候却只能攀缘而上。

行动即向前，唯一亦是第一。

4 你思想的字典中盛满了什么？

> 一个人能力有大小，但只要有这点精神，就是一个高尚的人，一个纯粹的人，一个有道德的人，一个脱离了低级趣味的人，一个有益于人民的人。
>
> ——毛泽东

有一种食品，叫垃圾食品；有一种鸦片，叫精神鸦片。

翻开厚重的中国近代历史，我们不难得出一个直到今天仍然适用的刻骨教训：落后就要挨打。

180多年前，英国殖民者以民族英雄林则徐虎门销烟为借口，用坚船利炮强行敲开中国的国门，随后西方列强纷纷涌入，自此中国在半封建半殖民地的社会形态下，开始了长达百余年的屈辱史。无数先烈为民族尊严与独立牺牲，直到1949年，中华人民共和国成立，中华儿女才又重新昂首屹立于世界民族之林。

守正方能辟邪，克己而后复礼。

在当今看似波澜不惊实则危机四伏的和平年代，我辈更应珍惜这来之不易的发展机遇，努力提升自我，为个人、为新时代的中华民族贡献自己的微薄之力！

我看到一则让我颇觉义愤又倍感欣慰的新闻：

安徽庐江某高校教授在演讲中，因向学生大肆宣扬不良观念被学生怒抢话筒。

我也是老师，但这件事我却旗帜鲜明地与那位学生站一队，正如学校负责人回应此事时所说："该学生三观很正、很勇敢。"少年"为中华民族伟大复兴而读书"的声音掷地有声，让人不由得想起百余年前周恩来总理那句"为中华之崛起而读书"的豪情壮志。相反，那位教授崇洋媚外的言行却有损人民教师这份光荣的职业，应当受到谴责。

试想：倘若学生都接受该教授的思想，不出10年，当这批莘莘学子迈入社会，我们国家的未来、社会的风气将会呈现何种景象？民族的希望还有何前途可言？

一如孔子之感叹："德之不修，学之不讲，闻义不能徙，不善不能改，是吾忧也。"

在今天，荼毒人民身体的物质鸦片没有了，但各种低级趣味的精神鸦片却仍存在，这也正是国家一再严打"毒教材""毒教育"的原因所在。

"人事有代谢，往来成古今。"

战争年代，军人与看得见的敌人用刺刀拼杀；和平年代，我们对看不见的"敌人"更应保持警惕。

人的大脑对外界的任何信息都会在潜意识中给出回应。而最能蛊惑人心的，便是经过包装的似是而非的信息，时常让人们还未来得及抵抗便已被俘虏。当大脑里积攒的信息多了，自然就汇聚成一部思想的字典，这便是一个人三观的形成过程。

可以说，在这部主导我们行为及价值理念的思想字典中，要么芳草宜人，要么杂草丛生。

在你浩瀚的思想字典中，盛满的是什么呢？是负面情绪还是正面情绪呢？（见图1-3）

笔者有一个消除负面情绪的有效方法，发出来供朋友们参考。

冷漠、悲观、狂躁、哀愁、抱怨	热情、阳光、宁静、喜悦、担当
邪恶、恐惧、嫉妒、抑郁、绝望	正直、勇敢、幸福、勤奋、希望
堕落、逃避、推卸、狭隘、自私	奋进、乐观、积极、满足、大度

图1-3　负面情绪和正面情绪

落地方法：

（1）请先遮挡住右侧的15个词，连续诵读3遍：我是一个（左侧15个词语）的人；

（2）再挡住左侧15个词，再诵读3遍：我是一个（右侧15个词语）的人。

（3）思考在你阅读不同词语时，分别有怎样的心理感受。然后，认真找出你最想要消除的1～3种负面情绪，按如下格式列出并反复诵读：

在我_____的字典里,从来就没有什么_____、_____,因为_____、_____、_____才是真正的我。

(4)将上面这句话牢记于心,并写下来,贴在办公桌前每天看几遍。这样,当在生活或工作中你有负面情绪冒出来时,大脑中据此产生的抗体便能助你免于干扰,赋予你勇敢前行的力量。

5 炼就所向披靡的人格魅力

> 人格所具备的一切特质是人的幸福与快乐最根本和最直接的影响因素。其他因素都是间接的、媒介性的,所以它们的影响力也可以消除,但人格因素的影响却是不可消除的。
>
> ——亚瑟·叔本华

在撰写上一本书——《奋进者》的过程中,笔者曾与杭州畅众环保科技有限公司董事长郭连涛先生有过这样一番对话:

"郭总,如何界定一个管理者有没有领导力?"笔者问。

郭总答:"看他有没有'粉丝'。"

随后他进一步解释道:"'粉丝'越多,说明他的领导力就越强,反之亦然。"

"那一个管理者怎样才能拥有更多的'粉丝'呢?"笔者

又问。

郭总答："打造自身的人格魅力。"

显然，郭连涛先生所指的"粉丝"，并非社交平台上关注了你的人。

人格魅力，关键是人格魅力。

一个拥有人格魅力的管理者在面临艰巨任务时，只要登高一呼，其下属团队便能热血激昂地开始行动，这便是领导力的绽放！

再来看一个关于求职的例子：

A员工："我真的很优秀，如果你们录用我，我一定能为企业创造最大的价值。"——这是自卖自夸式推销。

B员工："我手上有很多客户资源，如果你们录用我，这些资源都是公司的。"——这是买一赠一式促销。

C员工：老板被其优秀的综合素质所打动，决定录用这个员工。——这是以质取胜式营销。

D员工：老板尚未与其正式见面，但他身边的朋友、客户都已对该员工赞不绝口。——这便是所向披靡的人格魅力。

美国管理界学者汤姆·彼得斯曾说："建立个人品牌，就是21世纪的工作生存法则。"

曾经，我们把"酒香也怕巷子深"的现象叫作"怀才不遇"。但在各种短视频及自媒体直播平台已高度普及的今天，"怀才不遇"这一说法不成立了。

倘若真有"怀才不遇",那也是反向证明了其自身存在的以下3个问题:

（1）才具不足：此人虽然有才却远远不够！这个时代有点小才的人太多了，一抓一大把。

（2）才华过气：过去的工作经验与成功方法，不仅不能让你在瞬息万变的当今社会继续成功，还有可能成为阻碍你前行的绊脚石！你必须与时俱进，确保自己的才能与时代接轨。

（3）才高品低：无论是职业人还是职业经理人，都必须在能力过硬的同时，具有职业操守和高尚的品格，这样才能得到别人的认可。

成就人格魅力之路，本质上也是一个不断去除杂质（缺点）、超越本我的过程。也因此，每一位有识者都需要尽早与自己对话、读懂自己，这样才能成就最好的自己！

第一章 "知荣辱"小结 | 精要回顾

◇我们可以偶尔向家人哭诉心中的委屈,但决不要在职场中展示软弱。

◇当机遇来临时,保持敏感才能察觉并捕捉它;当逆境来临时,保持钝感才能好好保护自己。

◇当你想做好某件事时,可能会多次尝试;但唯有当你明确为什么要做好这件事时,才能产生百折不挠的意志。

◇你要么战胜他人成为第一,要么超越自己成为唯一,否则,只能黯然出局。

第二章
CHAPTER 2

有信｜存敬畏

人格魅力必重忠诚守信的口碑

1 忠诚绝非因为背叛的筹码不够

> 希望你们年轻一代,也能像蜡烛为人照明那样,有一分热,发一分光,忠诚而踏实地为人类伟大的事业贡献自己的力量。
>
> ——迈克尔·法拉第

● 存在未必合理,成长须交学费

忠诚,不是一种能力,而是一种选择。

在多元价值观并存的信息时代,时不时就会冒出一些奇葩却颇有市场的言论,似乎是在印证着黑格尔的那句"存在即合理"。

于是,每当有人想要拨正一种乱象、消除一种糟粕时,就会有人搬出一句"存在即合理"。

"存在即合理"这句话本身合理吗?违章行为乃至于违法乱纪的现象也一直存在,也都合理吗?再比如,当我说"世界上没有一句话是绝对正确的"，请问我这句话绝对正确吗？近代大文豪鲁迅先生也曾发出过类似质疑："向来如此，便对吗？"

"天下熙熙，皆为利来；天下攘攘，皆为利往。"千百年来，便是如此。

《孙子兵法》也说："善用兵者，合于利而动，不合于利则止。"然而，善逐利者，须知利有大小、远近之分——近利在明，远利在隐，小利易知，大利难察。一个人无论身处何种位置，其言行若以名利为导向而不顾其他，则势必反为名利所累，最终导致难以善终！

秦朝李斯，因辅佐秦始皇一统寰宇位至丞相，却因贪恋权位，与赵高合谋篡改秦皇遗诏，最后被赵高所忌，被腰斩于市。近代袁世凯，曾因为逼清帝溥仪退位而使当时的中国南北统一被时人称颂，最后却也因利欲熏心，妄图复辟帝制落得身败名裂。

而在人才流动自由化与自主化的当今职场，人才已经进入"自雇佣时代"，跳槽对职场人而言已是家常便饭。稍有不顺心，有人便潇洒地留下一句"此处不留爷，自有留爷处"。还有一些五花八门的跳槽理由让人哭笑不得，比如："公司美女太少""命太硬克公司""家里有矿要去继承"……

这没有对错之分，只是选择不同——这一点，我们在最后一章"有心篇"中再详述。

在宪法赋予公民的所有权利中，有一项极重要的权利便是选择权。但职场人换工作仍需谨慎，笔者曾见过因为换的下家不如原单位，有人一年内连换几份工作，以至都不好意思将这些经历写在简历里！成长路上交学费是必要的成本，但学费过重则会变成代价。也因此，我们的每一个重大选择，都应是基于对美好未来的理性考量做出的，而非被眼前利益的诱惑所驱使。

笔者有3个建议，也是面对选择时的连环三问，送给将要做出选择的你：

（1）这样做是我思虑成熟之后的决定吗？
（2）如果以后和我现在想得不一样甚至相反，我会后悔吗？
（3）万一我后悔了，后果我能接（承）受吗？

● **使命感是守护忠诚的先决条件**

近年来，有一种社会观点认为："所谓忠诚，只不过是因为背叛的筹码还不够。"

这句话看上去似乎有道理，但掩盖不了将人引入歧途的嫌疑。

人性在许多时候禁不起诱惑是事实，很多人会在短暂的快感中丢掉初心。但人应当有底线，否则必遭反噬——利欲熏心之下酿成悲剧的人难道还少吗？若没有忠诚守信为前提，便不会有信义存活的土壤。若人人都"有奶便是娘"，社会风气将不堪设想。

到底是我们改造了世界，还是世界改造了我们？

"这是一个最好的时代，也是一个最坏的时代。"生活在

200年前的狄更斯不会想到，他对19世纪社会面貌的感慨，在200年后的今天竟然仍然适用。

李嘉诚曾说："一个人的价值，在遭受诱惑的那一瞬间被决定。"

即便在商言商，商业的本质也是价值的等价交换。倘若你不具备某种价值却又眼热某种资源，那要么出卖自己的利益，要么损害他人的利益——就像某些女生为满足虚荣心而进行"裸贷"那样。

使命感，关键是找到使命感。

"请问何谓使命感？"

"就是你要知道今后该如何去使用好自己的命。"

"知道了又会怎样？"

"当你明白自己此生为何而活，便可以忍受眼前的任何生活并不改初衷。"

这是一位长者与我关于使命感的对话。

那些常以"忠诚，只因为背叛的筹码还不够"为自己的见利忘义而辩解的人，恰恰是最无节操的人。若是这种谬论都能成立，那我们岂不是可以就此推导出许多类似的言论："乐观，不过因为压力还不够""善良，只是因为遇到的坏人还不够""勇敢，也只不过因为遇到的危险还不够"……

这绝不应该成为不忠诚的借口。

无论顶着怎样的压力，乐观的人总有办法继续乐观；无论见到过多少坏人，善良的人依然善良；无论遭遇怎样的危难，真正勇敢的人都能挺身而出；无论面对多大的诱惑，忠诚正直的人都能不为所动。

使命感，从来都不是高大上的时髦套话。试想，在大是大非面前仍待价而沽将自己视为筹码的人，又怎么能得到别人的尊重？

事实上，能为利益而放弃忠诚甚至反戈一击的人，并非因为别人给予他的好处有多大，而恰恰是因为他自身忠诚的本色太浅。

2 信用一旦破产便很难恢复

> 信任是友谊的重要空气,这种空气减少多少,友谊也会相应消失多少。
>
> ——约瑟夫·鲁

"你朝我后背开了一枪,而我依然相信那是枪走了火。"

听过这句话的读者朋友一定都知道这句话背后那个颇为感人的故事。主人公对战友的信任让人很是感动。

但其实,在主人公原谅朝他开枪的战友的同时,他们之间的关系也再回不到从前的亲密无间了:我原谅了你,但并不代表我今后仍会信任你。

信任,从来都是用来守护而非伤害的。

人与人之间交往的最大成本莫过于信任成本,我们若想与人建立"不设防"的高度信任,需经过长时间的磨合和多次考验，但是，想要毁掉这种信任，却只需一次背叛就足够。

这也恰恰说明了忠诚与信任的珍贵。

概括而言，现实生活中的诚信考验主要来自公域和私域两方面。

● 公域诚信

先简单说一下定义，所谓公域，是指公民可以正常参与的公共生活领域，私域则指公民的私人生活领域。在公域中，诚信体系有法律和各种规章制度来维系。

相较而言，一些人对公域诚信的重视程度会略小于私域，因为看起来"公家的便宜不占白不占"。殊不知，事物都会沿着由量变到质变的方向发展——常在河边走，怎会不湿鞋？当失信积累到一定程度，到需要偿还时就会变成连本带息的"信誉高利贷"。

信用一旦破产便很难修复，像极了一只跌破底价面临被强制退市的股票。

很多人在年少时便展露出过人的天资，本该有大好前途，可惜反被聪明所误！周恩来总理曾告诫后辈："世上最聪明的人是最老实的人，因为只有老实人才能经得起事实和历史的考验。"

● 私域诚信

如果说，维系公域诚信体系的是法律和各种规章制度，那么私域诚信所依托的便是关系和情感。

但，这并不意味着两者之间一直那么泾渭分明。

比如说，当你因为占了公司的便宜而被通报，一定会影响朋友们对你的看法；而当你严重失信于友人时，也有可能因为对簿公堂而被大家知道。若不能及时刹车改正，便会陷入无尽的失信死循环中——到那时，"社死"的条件也就基本具备了。

有句话是这样说的，笔者深以为然：

一辈子不长，不要为利益去试图欺骗那些信任你的人，不要伤害在乎你的人！因为你所能骗到的、所能伤到的人并不是傻，只是他们真心待你而已。

最后，提供一份"诚信宣言"，供需要坚定诚信决心的读者朋友使用。

诚信宣言

我＿＿＿＿郑重承诺：

唯信任不可负，唯责任不可推，唯使命不可挡！

从今天起，我将言必信、行必果、不怕难、敢担当。

做忠诚正直的人，做坚守信义的人，做值得信赖的人！

承诺人：＿＿＿＿＿＿

＿＿年＿＿月＿＿日

3 衡量个人诚信美誉度的4杆标尺

> 我们知道他们在说谎，他们也知道他们在说谎，他们也知道我们知道他们在说谎，我们也知道他们知道我们知道他们在说谎，但是他们依然在说谎。
>
> ——亚历山大·索尔仁尼琴

任何有志于打造人格魅力的职业人，都不可不知衡量个人诚信美誉度的4杆标尺（见图2-1）。

取信之道：不论大事小事　　　**立信之本**：不论高低贵贱

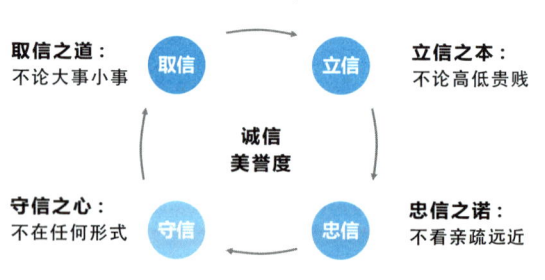

守信之心：不在任何形式　　　**忠信之诺**：不看亲疏远近

图2-1　衡量个人诚信美誉度的4杆标尺

● 取信之道，不论大事小事

善信者绝境逢生，失信者自掘坟墓。

在小品《不差钱》里，赵本山与小沈阳有这样一段对白：

小沈阳说："人生最痛苦的事情是什么？人死了，钱没花了。"

而赵本山反驳道："人生最最痛苦的事情是什么？人活着呢，钱没了。"

而在笔者看来，人生"最最最"痛苦的事情应当是："人还活着，信誉却没了。"

人之所以能在逆境甚至绝境中触底反弹、越挫越勇，很大程度上源于对自己依然坚信不疑的力量！而一个信用破产的人则不会有这种力量。比如，你偶尔做了一件坏事，你会觉得自己只是一时头脑发昏，但当坏事做多了便容易产生"破罐子破摔"的心理，那时连自己也会怀疑自己究竟是好人还是坏人。这就是说，在外界的险境将你击倒之前，你自己已经先一步把自己的人格打垮了。

在古代，商鞅曾以"立木赏金"的小事取信于民，周幽王却用"烽火戏诸侯"的谎言失信于天下；在今天，商界、企业界对诚信更是严格要求！有时候，一个客户拒绝与你签约、一个朋友不再和你往来，很可能就是因为你的一次爽约、一次食言。

● 立信之本，不论高低贵贱

"今天你对我爱理不理，明天我让你高攀不起。"

伴随着自媒体与移动互联网技术的迅猛发展，诞生了一批全新的自由职业者：网络写手。

尽管大多数写手创作的"爽文"缺少内涵，更像是"快餐式"的产品而非作品；但我们不得不承认，在当今以年轻人为主体的用户群中，"爽文"仍有着非常庞大的市场。

只不过，现实世界和"爽文"世界的三观终究有着本质的区别。

"爽文"中主角的成功，靠的是主角光环而非诚信的脚印。"面对高高在上的嚣张者，我便用实力打脸直到将你打服！"——这是让"爽文"读者热血偾张的一贯路数。也正因为对这类"丛林法则"的过度推崇，许多人在现实中也信奉诸如"胜利者不受指责""真理只在大炮射程内"等为达目的不择手段的观点。这其实是对"丛林法则"的片面理解——弱肉强食是大自然的法则，却并非文明世界的真理。

很多时候，人们在与更强者打交道时会下意识地特别守时、守信，但是在对待另一些相比自己处于弱势的人时，却又是另一番光景。真不知是心中的优越感作祟，还是补偿心理在找平衡。

事实上，想要与他人建立信任，就应一视同仁，不分高低贵贱。

● 忠信之诺，不看亲疏远近

成功源于自信，更是源于自信。

这句话乍一看让人不明所以，但其实：第一个自信，是指对自己做事时的自信心；第二个自信，则是指对自我承诺时的守信力。

很多时候，我们习惯于"把最好的表现留给外人，把最差的脾气留给亲人"，承诺也是一样。现实中，人们对社交场合中他人的嘱托大多能尽心尽力，却在面对身边最亲近的人时一再敷衍，就像影片《泰囧》中，为了生意连续7次推掉陪女儿去海洋馆约定的徐朗。

就诚信守诺的兑现优先级而言，他们的排列顺序似乎是这样的：对客户诚信＞对朋友诚信＞对亲人诚信＞对自己诚信。这个排序看上去似乎没什么不对，毕竟一个人想要在竞争激烈的商业社会中脱颖而出，必须将客户奉为上帝。然而真正守信的人，无论处于怎样的环境中都能不忘坚守承诺的初衷，且不会区别对待自己的朋友、亲人及自己。

许多人在对别人做出承诺后失信时都能尽力弥补，却不曾重视与履行对自己的承诺。

比如，当你为自己制订了周全的健身计划，但坚持还不到一周，忽然有一天下雨了，又有一天起晚了，接着某天又腰疼了，原本理想的计划就此夭折；然后再次计划再次夭折——你就这样对自己渐渐产生了疑问、伤害了自信。少有人能在首次自我失信时便立即做出弥补，比如："外面下雨我就室内早操""早上起晚了我就去夜跑""今天腰疼了我腰好后补回来"……

● 守信之心，不在任何形式

诚信有成本，吃亏是福；失信有代价，贪心引祸。

这并非"站着说话不腰疼"，也不是说利益得失不重要。相反，恰恰是由于利益对每个人都重要，我们才不能因为对利益的渴望而去损害他人的利益——当你因背信弃义之人利益受损时，便能深刻体会"守信"二字的分量。

"诺不轻许，故我不曾负人；诺不轻信，故人未曾负我。"

绝非白纸黑字写进具有法律效力合约的条款才需守信，哪怕只是口头许诺也要说到做到——流传千古的诚信典故"季札挂剑"，便很好地诠释了这一点。

季札的允诺只是生发于内心之中，旁人根本无从知晓，但他并不因为徐君的过世而违背自己的承诺。千金难买的宝剑与信义相较，微不足道。

"延陵季子兮不忘故，脱千金之剑兮带丘墓。"如今，挂剑台已成为诚信的象征。

4 善意的谎言并不失诚信本色

> 有时候,谎言很美丽,她的名字叫"善意的谎言"。
> ——米·露西·桑娜

"志不强者智不达,言不信者行不果。"

在前面的章节中,我们用了大量篇幅来论述诚实守信是一个人的立身之本。那么,现实中有没有不需要诚实,甚至需要谎言的情况呢?

1999年,土耳其发生了一次大地震。

救援人员不断搜寻可能的生还者。两天后,大家在废墟中看到令人震惊的一幕:一位母亲用手撑地,背上顶着不知多重的石块,她7岁的小女儿就躺在她用手撑起的安全空间里。石块太多,救援人员始终无法快速到达她们身边……最后,一名高大的救援人员够着了小女孩,但是,小女孩已去世。

那位母亲急切地问:"我的女儿还活着吗?"

一位救援人员大哭道:"是的,她还活着,我们此刻要把她送到医院急救,也要把你送过去!"

面对伟大的母爱我们既感动又佩服,同时也要称赞这位救援人员在关键时刻的"说谎"——他显然明白,如果母亲听到女儿已死,可能会在一瞬间失去求生的意志。

我们常会遇到大伪似真、大恶似善的情形,在情与理的碰撞、利与义的纠葛中,我们可能会不知所措。

为此,笔者列举了6种有关诚信的现实情景,请读者朋友们将自身代入,在每个情景下方的表格中填上你心中的答案:

(1)你的好朋友和他的另一半吵完架要闹离婚,你的好朋友不想离婚,于是躲到了你这里;随后,他的另一半找上门来,问你他在不在你这里。

你会:_____;
因为:_____。

(2)你的哥们儿在交通肇事逃逸后因害怕躲到你这里,随后警察找上门来,询问你他在不在你这里。

你会:_____;
因为:_____。

(3)你是一名美术老师,你班级中有一个孩子画画总是画不好,经常被同学们嘲笑。这个孩子觉得自己并不适合画画,问你是不是也这样认为。

你会:_____;

因为：_____。

（4）你是某电商平台的卖家，你预售的某款商品因为原材料成本急速上涨，如果按前期预售价和品质承诺交付给买家，你不但没有利润，反而会亏损很多钱。

你会：_____；

因为：_____。

（5）你向一个好朋友借了10万块钱，朋友出于对你的信任并没有让你写借条，也没将此事告诉任何人。后来朋友因故突然去世，现在已经没有人知道这笔欠款。

你会：_____；

因为：_____。

（6）你答应了领导，今天会把一份非常重要的方案做好并发给他才下班，但你心仪已久的对象突然主动约你晚上7点共进晚餐，这对你们的关系进展可能非常重要。

你会：_____；

因为：_____。

第二章 "存敬畏"小结｜精要回顾

◇我们的每一个重大选择，都应是基于对美好未来的理性考量做出的，而非被眼前利益的诱惑所驱使。

◇能为利益放弃忠诚的人，并非因为别人给予他的好处有多大，而恰恰是因为他自身忠诚的本色太浅。

◇一辈子不长，永远都不要因为利益去欺骗那些信任你的人、不要伤害在乎你的人！因为你所能骗到的、伤到的人并不是傻，只是因为他们在真心待你。

◇绝非白纸黑字写进具有法律效力合约的条款才需守信，哪怕只是口头许诺也要说到做到。

第三章
CHAPTER 3

有品｜守良知
人格魅力必修抵御诱惑的定力

1 有品是底线,有德是追求

> 人们以为品德善恶的表露,是出于明显的行动,却不知在自己不知不觉之间已泄露出了自己的品格。
>
> ——爱默生

鸟失羽毛不飞,人无品德难立。

多年前,笔者曾经参与讨论过这样一个话题:

为什么像"孔孟朱王"这样伟大的圣人都诞生于古代,而在高度发达的现代社会却培养不出圣人?

当然,答案仁者见仁、智者见智,在笔者看来,有一个重要原因是:人们对圣人的品德要求实在是太高了!

在网络时代,只要你有一技之长,网络会成为你的"名声放大器"!然而,互联网的可怕之处也在于此:当你成名后,过往任何一点道德上的瑕疵，都有可能被万能的网友挖出来，再经过网络传播，最终变成一道你迈向圣人的永难逾越的鸿沟。

身处物欲横流的滚滚红尘中，一个人能够"出淤泥而不染"已是难能可贵，想要将"高山仰止"般的道德标准加诸他人却是万万不现实的，除非开启上帝视角让每个人都提前看到自己的一生。

"独善其身是谓品，兼善天下称为德。"

因此，做个有德者不易，但成为有品者却不难。也就是说，有品是做人的底线，有德则是做人的追求（见图3-1）。

有品是底线

- 不损人利己（对人）
- 不挑拨是非（对事）
- 不贪得无厌（对物）

有德是追求

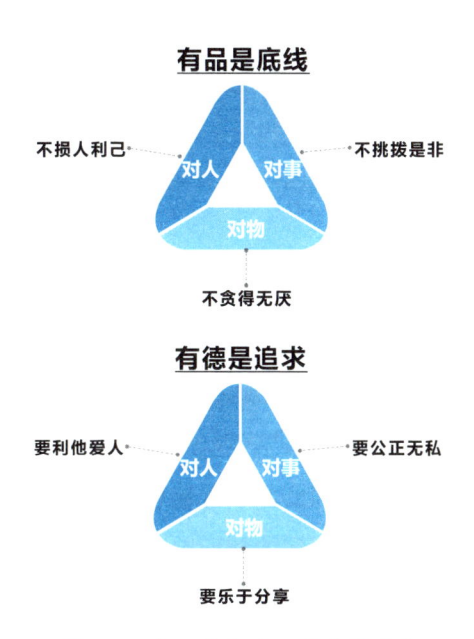

- 要利他爱人（对人）
- 要公正无私（对事）
- 要乐于分享（对物）

图3-1 有品是底线，有德是追求

2 人品败光终将追悔莫及

> 假如有人出卖生命水,要别人以人格作代价,聪明人决不肯买。因为耻辱地活着,不如光荣地死去。
>
> ——萨迪

细节,真能决定成败吗?

事实上,能直接决定一件事情成败的并非细节,而是做事者的谋略、能力和所能调动的资源等,细节至多是影响因素。

细节有且只有在一种情况下才会决定成败:人品不行!并且,与能力不足导致失败但依然可以重整旗鼓所不同的是,一旦因人品不行导致失败,几乎不可能东山再起。

积累人品需要很长时间,但败光人品却只需一瞬间。

在培训时,每当讲到"有品篇",笔者总会向学员提出一个问题："人品和能力，哪个对成功更重要？"有意思的是，大多数学生首先给出的答案是人品。但当我微笑着继续问："你们确定吗？"一部分人稍加思索后又转变立场说："还是能力更重要些。"随后我会略带神秘地追问："再想想？"这时很多学员又会给出看起来"无懈可击"的完美答案："两个都重要。"然后当我说："那为什么一个问题我连问三次，有些同学就给出三个答案，你们是不是也太没有立场了？"这时大家就跟着哈哈大笑。

从某种意义上说，"人品和能力到底哪个更重要"的问题属于伪命题，因为在现实中，这并非一道数学上二选一的选择题，人品、能力和个人成就是密切相关的（见图3-2）。

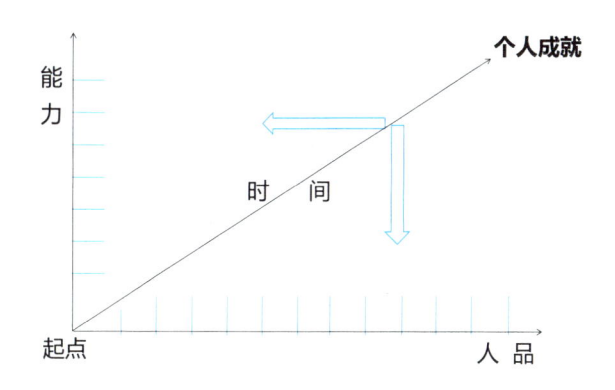

图3-2 人品、能力与个人成就的关系

由上图不难看出，对初入职场的人来说，能力无疑更加重要，而随着个人成就的增长，人品会越来越重要！换言之，能力不行，只会让人看不上；人品不行，却会让人看不起。

人品与人格是共生的，一方有损，另一方也必将遭受同等的反噬。

产品等于人品，心正才能行正，行正而心自安。

3 警惕欲望支配下的无底深渊

> 当被欲望控制时,你是渺小的;当被热情激发时,你是伟大的。
>
> ——詹姆斯·艾伦

● 不与诱惑较劲,你越较劲它越起劲

"心不动,则人不妄动,不动则不伤。"

泰国作家察·高吉迪曾说过:"人一旦成为欲念的奴隶,就永远也解脱不了了。"

大概是人类特有的基因使然,未知的东西让人恐惧,但也让人感到好奇!就像很多柔弱的女生喜欢看恐怖片,即使被吓到尖叫躲进被子,但若你提议让她别看了,却是万万没商量的。

有一家公司的总裁准备高薪招聘一名专职司机。

经过层层筛选和测试，最后只剩下三名应聘者。在最后一轮面试时，总裁问："悬崖边有块金子，如果开着车过去拿，你能将车在离悬崖边多近的距离停下来？"第一位司机说："凭我的驾驶技术，可以把车停在距离悬崖边三米远的地方。"第二位司机说："你这水平不行，我有能力把车停在距离悬崖边只有一米的地方。"第三位司机说："我的技术比不上你们俩，我会尽量远离悬崖。"最终，总裁录取了第三位司机。

故事的表面意思是在说作为司机应该将安全放在第一位而非炫耀车技，深层次的意思却是在表达人在面对诱惑或考验时的正确态度。正如孔子所指出的："知而慎行，君子不立于危墙之下，焉可等闲视之。"

需要特别强调的是，金子（诱惑）本身是无罪的，有罪的只是人在欲念支配下的贪婪。

在电影《无人区》中，潘肖律师在影片开头和结尾都说了一句相同的话："人与动物的最大区别在于人会用火。"火，也是无罪的。当潘肖往被他撞到的杀手身上浇汽油，准备用火"毁尸灭迹"时，火便有了"原罪"；但当他为救人而选择用火与盗猎团伙老大同归于尽时，火又完成了"救赎"。

● **比危险本身更可怕的是身处险境而不自知**

"当你在凝视深渊的时候，深渊也在凝视着你。"

这句被引用甚广的名言，出自德国大思想家尼采的著作

《善恶的彼岸》，其原文直译是："与恶龙缠斗过久，自身亦成为恶龙；凝视深渊过久，深渊将回以凝视。"读过"屠龙少年终成恶龙"这个故事的读者朋友都知道：人的善恶正邪其实在一念之间。

《红与黑》的作者司汤达曾说过："到处都充满了伪善，至少也是招摇撞骗，甚至那些最有道德的人，以至那些最伟大的人，也是如此。"

亚瑟·叔本华也表示："只要条件许可、时机成熟，人人都是想作恶的。"这也是为什么某一天你可能会惊觉：从什么时候开始，自己竟然活成了自己曾经最讨厌的样子。

善恶、正邪其实是可以相互转换的。

而当你审视邪恶时，邪恶其实也像一面镜子般不动声色地审视着你的内心，如果你沉溺其中，是有可能被它反噬的——这当然不是说恶的力量能超过善，而是说当你并不了解恶的本质，却臆想着自己正义在手要"替天行道"，那很可能会让你也成为恶的一部分却不自知。这也是为什么如今在互联网上，会有那么多一边高举反网暴旗号，一边却又网暴他人的人。

有时候，身处已知的险境反而能使人清醒，身处顺境却容易让人忽视危险的存在，这才是真正的危险！

有个旅客在沙漠里独自行走，忽然后面来了一头狮子。他大吃一惊，拼命向前奔跑。

就在快被狮子追上时，他看见前面有一口井，于是不顾一切跳了进去，但这口井里却有几条昂首吐信的毒蛇。大惊之下，他胡乱伸手，正好抓住一根在井中间横伸出来的树根，使他没有掉到井底。

他虽身陷进退两难的绝境，但暂时还算是安全的。谁知他刚松一口气，奇怪的异响便传入他的耳朵。他循声望去，发觉有一群老鼠正在啃咬着救他的树根，这救命的树根不久后便要被咬断了。正当他焦急思索之时，井外树上一处蜂巢中的蜂蜜正好向他滴下，蜂蜜的芳香甘甜让他全然忘记身处的环境，于是他伸出舌头，闭上眼睛，全心全意品尝那一滴滴落在嘴边的蜂蜜。

面对"狮子"的追赶，许多人并没有放弃求生；面对"毒蛇"的威胁，他们也没有忘记挣扎；甚至是面对"老鼠"的啃咬，他们依然没有失去希望；但面对"蜂蜜"到嘴的诱惑时，他们就像被某种魔法所控制的木头人一般，瞬间放弃了抵抗。生活中，又有多少人活成了故事中的那位旅客？

4 内在三观是外在行为的指南针

> 择善人而交，择善书而读，择善言而听，择善行而从。
> ——司马光

"哇，简直毁三观。"这是生活中当大家议论到某个奇葩现象时便会惊呼而出的一句话。

那么，何谓三观？

三观一般是指世界观、人生观和价值观，它们辩证统一，相互作用，共同决定了一个人的思想观念和行为方式。

对于个体来说，内在三观的不同会直接导致外在行为的巨大差异。比如，同样在路边看到一个美女，三观正的人懂得"欣赏美丽"，三观不正的人则有可能"见色起意"；见到路边有个钱包，三观正的人捡到后明白"君子爱财，取之有道"，于是将钱包交给警察，三观不正的人则可能因贪心将钱包据为己有。

近年来，有个社会性话题屡屡被提及："到底是老人变坏了，还是坏人变老了？"

每当看到关于老人的负面新闻时，笔者都不免一声叹息！笔者认为，这类老人真的有必要去读一读"社会主义荣辱观"！当然，我们相信这仅是极少数老年人的个人行为，代表不了整个老年人群体。

每一个人都会老去，但愿到时候，无论我们曾走过怎样的人生，都能说出："纵然历尽千帆，我心仍是少年。"

5 设定底线警报器以守护初心

> 初心，能让我们保持纯净；能使我们即使身陷泥淖，仍洁白无瑕。来时是赤子，归时莫忘仍怀一颗初心。
>
> ——史铁生

● 有初心就有底线，有底线就能预警

"不忘初心，方得始终。"

这句大家耳熟能详的话，其实是佛家经典《华严经》中某句经文的注解。少有人知道的是，这两句话之后还有另外两句：初心易得，始终难守。

何谓初心？

就是一个人在最初所持有的那份最真诚、质朴，也是最珍贵的信念。

有时候，我们需要随机应变；但更多时候，我们要紧守初心！其中的关键，就在"底线"二字。

君子同道、同心却不必同行，很大程度上是因为彼此皆能

尊重对方的底线；而小人恰恰相反。

人无底线，犹如情绪的烈马失去理性的缰绳，即使跑得再快也体会不到行进的意义！

当我们对"潜在敌人和不利局势"都做过预判，便能最大限度增强抗风险能力，从而坚定初心。换言之，当我们在心中设定好底线的警报，一旦我们的行为越界，此机制便会像火灾报警器一样在大脑中拉响。

● **外圆内方，方能从容应对意外之变**

"千人有千品，万人生万相。"

我们在设置好风险预警机制之后，便要学会全面、客观地理解人性，进而学会跟身边不同性格、不同出身、不同品行的人共事。我们并不需要去研究每一个人，只是不能忘记：有时候，那些我们所熟悉的人比陌生人更能蛊惑、欺骗甚至伤害我们。

《菜根谭》有言："无事常如有事时，提防才可以弥意外之变；有事常如无事时，镇定方可以消局中之危。"

不流于世故又不背离人情，才能更好地保护自己不受伤害。这当然不是教你整日抱着提防之心与他人相处，但也应懂得"为人须正派但处世要圆融"的道理，即处理好人生的圆与方（见图3-3）。

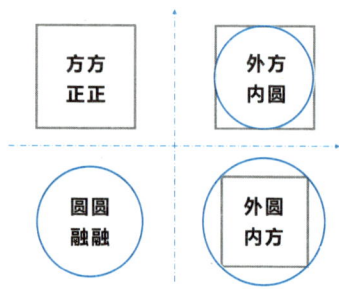

图3-3 人生的圆与方

第三章 "守良知"小结 | 精要回顾

◇ 有品是做人的底线，有德则是做人的追求。

◇ 能力不行，只会让人看不上；人品不行，却会让人看不起。

◇ 当你审视邪恶时，邪恶其实也像一面镜子般不动声色地审视着你的内心，如果你沉溺其中，是有可能被它反噬的。

◇ 有时候，身处已知的险境反而能使人清醒，身处顺境却容易让人忽视危险的存在，这才是真正的危险。

◇ 当我们在心中设定好底线的警报，一旦我们的行为越界，此机制便会像火灾报警器一样在大脑中拉响。

第四章
CHAPTER 4

有责 | 轻得失
人格魅力必挑责任考验的担当

1 "位卑未敢忘忧国"不是一句大话，而是一种担当

> 保国者，其君其臣肉食者谋之；保天下者，匹夫之贱与有责焉耳矣。
>
> ——顾炎武

"天下有道，以道殉身；天下无道，以身殉道。"

2300多年前，儒学集大成者孟子对个人与社会之间的责任关系，便有过如此精辟的论述。

每一个有为青年都应有"学成本领报国家、勇于承担为民族"的崇高追求——这绝非一句大话，而是一种担当。一国之中，从来都只有引领者、开拓者、追随者，而绝无旁观者。

120多年前，最早提出"中华民族"这一历史性概念的近代思想家梁启超说："天下最可厌可憎可鄙之人，莫过于旁观

者。"他认为:"国人无一旁观者,国虽小而必兴;国人尽为旁观者,国虽大而必亡。"梁启超不仅从顾炎武《日知录》中提炼出"天下兴亡,匹夫有责"的金句,他那篇久经传颂的《少年中国说》至今仍激励着无数国人!我们每每读来,都不由得热血沸腾。

"故今日之责任,不在他人,而全在我少年。少年智则国智,少年富则国富;少年强则国强,少年独立则国独立;少年自由则国自由,少年进步则国进步;少年胜于欧洲,则国胜于欧洲;少年雄于地球,则国雄于地球……纵有千古,横有八荒;前途似海,来日方长。美哉我少年中国,与天不老;壮哉我中国少年,与国无疆!"

民族、组织、家庭以及个人,共同构成了我们所身处的这一幅五彩斑斓的社会大图景。

我们当然能看到这幅图景中有不和谐的价值理念,比如拜金主义,但一个勇于承担责任的人,必身怀三大信心:第一,"决不抱怨";第二,"永不同流";第三,"立定志向"!唯其如此,方能做好自己,进而影响他人。

作为国家的一员,即便是身在异国他乡,只要是关系到国家荣辱的事件都与我们有关。

2022年2月24日,一个中国小伙子在阿富汗旅游时,发现某个商贩的摊位竟然用一面中国国旗作苫布,强烈的爱国情怀和责任感让他立即上前与商家沟通,告知其国旗对于一个国家的意义，并表示不希望看到中国国旗出现在这样的地方。最终，商家被小伙子打动，协助他一起把这面国旗叠好。当有人问起这件事时，小伙子如是回应："我们的国旗不能出现在别人的棚子上，对于中国人来讲，国旗代表着我们的尊严。"

而对于希望将来能有一番作为的人来说，这种担当更直接决定了其今后所能取得的成就！

再来看两组"失败死循环"与"成功正循环"的图解（见图4-1）。

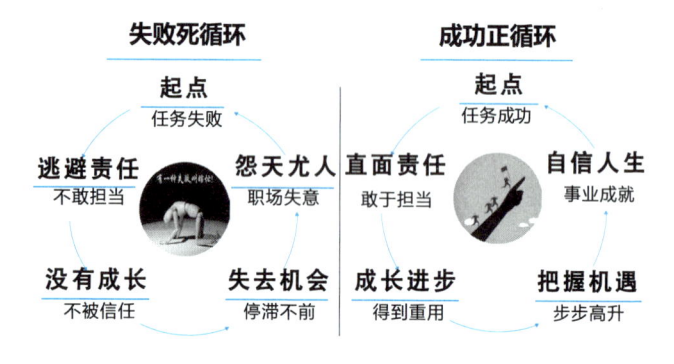

图4-1 "失败死循环"与"成功正循环"

哪怕平凡，哪怕弱小，哪怕活得卑微，只要你还有一颗利国利人的责任心，便能生出勇气，这也正是让人感受到快乐与成就感的源泉。

"只有在履行自己的义务中寻求快乐的人，才是自由生活的人。"

古罗马哲学家西塞罗在2000多年前说的这句话至今仍飘散着芬芳。

2 有一种智慧叫100%承担责任

> 一个人若是没有热情,他将一事无成,而热情的基点正是责任心,有无责任心将决定生活、家庭、工作、学习的成功和失败。
>
> ——列夫·托尔斯泰

● 有错就要认,挨打要立正

2023年6月,关于"川大女学生诬陷地铁大叔"的事件闹得沸沸扬扬。

耐人寻味的是,虽然当事人最终发布了道歉声明,四川大学也发布了处理通报,但网友并不买账,舆情在社交网络上久久难平,还一度出现多家企业公开抵制四川大学毕业生的现象。

何以至此?

这原本只是一件小事,却在当事人对错误的回避中不断发酵，最终连累了自己的前途乃至母校的声誉。

为什么有些人做错事后真诚地说一句"对不起，我错了"那么难呢？到底是认知出了偏差，还是放不下自己的面子？或者说害怕承担认错后的责任？

笔者认为，勇于认错，才能挽回尊严；主动担责，损失方能降到最小。

1970年12月7日，时任联邦德国总理的维利·勃兰特到华沙犹太人纪念碑为当年起义的牺牲者敬献花圈。献上花圈之后，勃兰特后退几步，突然神色凝重地双膝跪在了冰冷的石阶上，并为在纳粹德国侵略期间的死难者默哀和忏悔。

这个未列在日程安排中的突发举动让他的随同人员惊呆了，周围的波兰官员和民众更是被这突如其来的一幕深深震撼。各国记者在短暂惊愕之后，纷纷举起相机，闪光灯亮成一片。

这就是具有划时代意义的"华沙之跪"。勃兰特向全世界证明了德国是一个勇于承认历史错误的国家。

放下面子、认错担责，永远比回避更管用。

一个人若认识不到自己犯的一个个小错，"多米诺骨牌效应"的到来就是时间问题！到那时必悔之晚矣。

● **在团队中，从来都没有旁观者**

正如我们在上文中提到的，一国之内没有旁观者；企业和团队也是一样,只要你还是这个团队中的一员,你就不可能是旁观者。

我们来解析一下职场中常见的两种情况:

(1)假设你是某个团队的领导,因为你下属的失职客户上门投诉。请问你有没有责任?若有,你有怎样的责任?为什么?

你的答案:□没有责任 □有责任(□全部责任 □主要责任 □连带责任)

(2)假设你是某个团队的成员,因为你上级的管理不善整个团队被老板处罚。请问你有没有责任?若有,你有怎样的责任?为什么?

你的答案:□没有责任 □有责任(□主要责任 □连带责任 □其他责任)

第一种情况,领导者无疑应承担主要责任。这有点像小孩犯了错,责任在家长。至于员工的错与罚,可以待客户离开后再行处理。第二种情况,员工当然有完全正当的免责条件,但如果员工在此时站出来主动分担一分责任——注意,只分担一分,主要是要表明你愿意与团队共同承担责任的态度——则将来所能收获的回报,必定多于此时挺身而出的风险。

需要注意的是,与人分责也是有底线的,即<u>一切以无人触犯法律和侵害公司利益为前提</u>。换言之,若你的上级有侵害公司利益或触犯法律的行为,任何人为其分责都等于同流合污,此时能真正体现你勇于担责的,其实就只剩下一件事情:第一时间将其举报。

　　唯有敢于承担最多责任且能明辨是非的人，才可能取得更大的成就。

　　古往今来，英杰翘楚，概莫如是。

3 借口越真只会害人越深

> 一个人,如果没空,那是因为他不想有空;一个人,如果走不开,那是因为他不想走开;一个人,对你借口太多,那是因为不想在乎。
>
> ——张爱玲

"铁肩担道义,妙手著文章。"

当你决定担起责任,便能想出一千种方法;当你想要逃避责任,也可以想到一千个借口。

说起来,一个人在面对困境之时无外乎四种应对方式:找方法、找原因、找理由、找借口(见图4-2),而人格魅力的显现也恰在此时!

试想一下:假如一个团队遇到某种突发状况陷入混乱,这时突然有个勇敢而镇定的人站出来平息了混乱,虽有波折但最终带领大家走出了困境,那么,在这个团队成员的心中谁最有人格魅力?

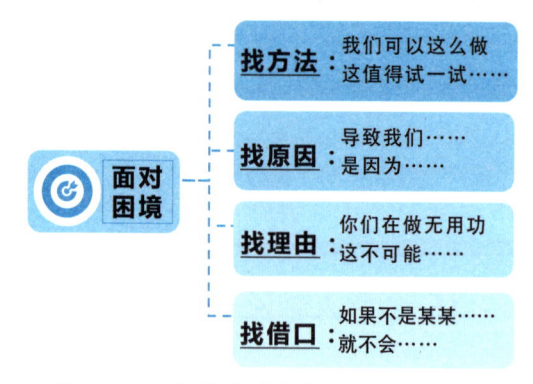

面对困境：
- **找方法**：我们可以这么做／这值得试一试……
- **找原因**：导致我们……／是因为……
- **找理由**：你们在做无用功／这不可能……
- **找借口**：如果不是某某……／就不会……

图4-2　人在面对困境时的四种应对方式

上述四种应对方式分别对应着四种人，我们不难对这四种人做出如下判断：

遇事不慌且有解决之法者，上之；无解决之法但能协助分析原因者，次之；无解决之法却总在阐述理由者，下之；无解决之法且找借口开溜者，下下之。

现在，让我们把关注点放在后两者身上——找理由的人和找借口的人。通常，理由与借口都是当事人为了摆脱不利局面、推卸责任或逃避可能的处罚想出来的。

所谓借口，即当事人杜撰出来的挡箭牌，往往一眼就会被人识破，然后当事人就像泄了气的皮球，不得不认错认罚。理由则具有相当大的迷惑性，因为理由十有八九都是真实存在的，甚至是情有可原的，而我们明知当事人这是在为自己开脱却也无从辩驳。之后，找理由者会认为自己获得了"胜利"，愈发理直气壮；下次必然如法炮制，但是，终有一天要为自己的行为付出代价。

从这个意义上说，理由也可以被认为是借口的高配版，也因此，借口越真，害人也会越深。

4 "我尽力了"：一旦说出便会停止努力

> 要替别人找借口，但千万不要替自己找借口。
> ——爱迪生

借口，就像一种涂了蜜糖的鸦片。

在所有的精神鸦片中，找借口所需的成本无疑是最低的，因为张口即来；但要为此付出的代价也是最惨重的，因为可能会赔上未来。

本节，我们将着重论述职场常见借口之一"我尽力了"这句话的危害。

我们先来看"尽力了"与"没尽力"可能导致的结果（见图4-3）。

	我尽力了 事情办好了	我没尽力 事情办好了	
有功			有功
有责	我尽力了 事情没办好	我没尽力 事情没办好	有责

图4-3　"尽力了"与"没尽力"可能导致的结果

对上图进行深度分析后，我们可以推导出至少四点结论：

第一，作为某件事或任务的当事人，做好了有功、没做好有责，这一点没什么可辩驳的。

第二，面对整个过程，用尽全力是一种负责任的态度；面对结果，同样需要这种态度。

第三，尽力是对过程的负责而不是事后的语言表达，没功劳时不说苦劳，没苦劳也不秀疲劳。

第四，最重要的一点：一旦你在内心认定已经尽力，便会停止所有努力和尝试。

当结果不好时你说尽力了，请问你的尽力比得过医生救治病人的尽力程度吗？即使如医生那样尽力，医患纠纷还时有发生，那凭什么你的一句"尽力了"就想得到别人的理解或宽慰？若你问心无愧，又为什么还要告诉别人你有多尽力？你是怕被别人误解，还是害怕承担后果？

对有志者而言，须谨慎使用"我尽力了"！因为一旦认定自己已尽力，你可能就不会再做任何努力，而一切的结果也将止步于此。

有时候，事物的发展形势并非一成不变的，今天解决不了的问题，不代表明天也解决不了；今天做不到的事，不代表明天还做不到。与其认定自己已尽力，不如说还需要等待时机。

● **"我尽力了"的特殊用法：**

其实，只要换一种语境，"我尽力了"就不再是借口，反而会变得很有温度。

当其他人对我们，或者我们对其他人使用"你已经尽力了，别太难过了""他真的尽力了，请不要再指责他"时，都会产生很好的安慰效果，但唯独不适合对自己使用。

5 "我以为"：每个人仅有一次使用机会

> 那些给别人带来不幸的人都有一个共同的借口，那就是他们的出发点是好的。
>
> ——沃维纳格

有些借口，在年少时说是天真，成年之后再说就是幼稚了。

就比如，"我以为"。

"我以为"这个借口，用在生活和工作这两种场合所产生的影响是完全不同的，用在生活中可能无关痛痒，用在工作中则可能会引起惊涛骇浪。

比如穿衣服，在家中你爱穿啥就穿啥，但在公共场合穿着就要得体，并且不能违背公序良俗，否则很有可能给自己带来无谓的烦恼。穿衣、吃饭、说话、做事均是如此：当你和闺蜜一起吃饭时，吃什么都是在享受美食；而当你宴请客户时，吃什么都是在应酬。

小丽是一家公司的资深销售，这天她约一个跟进许久的客户来公司洽谈合作。经过沟通，双方基本达成合作意向，只是对于一些细节尚需沟通。这时，已到饭点，小丽便提议跟客户一起吃饭后再接着谈。但就是这顿午饭，让小丽丢失了这一单。

原来，她安排的那家餐厅因为楼上在装修噪音特别大，不得已又换到另外一家，却因正值饭点就餐的人多让客户等了半个小时，影响了客户下午的行程。这让客户对小丽的办事能力有所怀疑，偏偏小丽的竞争对手在此时也联系上了该客户，该客户于是以考虑一下为由结束了本次洽谈，最终选择与小丽的竞争对手公司合作。

面对经理的批评，小丽委屈地说："我以为……"

如果用这个词造句的话，请你帮小丽把她"我以为"后面的话补齐，猜猜她会说些什么。

小丽做错什么了吗？貌似没有。但作为一名资深销售，重点不在于她做错了什么，而在于她做对了什么、做好了什么。没有犯错并不意味着做对，更不等于做好，职场很复杂，也很微妙。

为什么在职场中大家都不愿意听到"我以为"这三个字，尤其是老员工和管理者？原因就在于当事人主观"我以为"的那个结果，往往与客观事实的走向相悖！初入职场的人可以用"我以为"来当借口，但资深老员工不可以；一线员工可以"我以为"，但管理者不可以；孩子可以"我以为"，但为人父母不可以……一个人第一次犯错，可以被理解为"不知道", 第二次犯错可以叫作"不小心", 第三次犯错就是"故意"了。就像你第一天上班说因为堵车迟到了, 第二天迟到就不能再拿这个理由说事!

"我以为"可以继续延伸下去:

我以为→我不知道→我不反省→我啥也不会→我啥也不是

● "我以为"的特殊用法:

但凡在《新华字典》中能查到的每一个汉字、每一个词语,都有它的用武之地,"我以为"也是如此。"我以为"用在追责之时,便是在找借口,但用于一个人的自我对话时,却是一种反思、一种自我反省。比如:"我一直以为……原来……"

6 "我忙忘记了"：
暴露你对他人的承诺并不放在心上

> 为失策找理由，反而使该失策更明显。
>
> ——威廉·莎士比亚

忙，只是一种托词，没放在心上才是事实。

先来看下列场景：

假设你或你的孩子明天参加高考，请问头一天晚上你会做些什么？会再次检查孩子书包里的文具和准考证吗？又假设，你明天要坐高铁到某地出差，你会用地图先查询路程远近并计算路上所需的时间吗？再比如，当你和家人准备去外地旅游，你会提前做好攻略并确认往返的行程吗？

……

我们对以上这些问题的答案，说明一个事实：但凡对我们来说重要的事项，我们从来都不会忘记。

你希望别人认为他们交给你的事情你都没有放在心上吗？如果不想，一句脱口而出的"我太忙给忘了"除了让别人觉得你"贵人多忘事"，还能给你带来什么好处呢？

当然，有时候我们也并非真的忘了，可能只是单纯比较忙，但无论哪种情况，因为"忙忘了"而失信于人都会对别人造成伤害（见图4-4），而接下来能做的，便是如前文"有信篇"中提到的去尽力弥补。

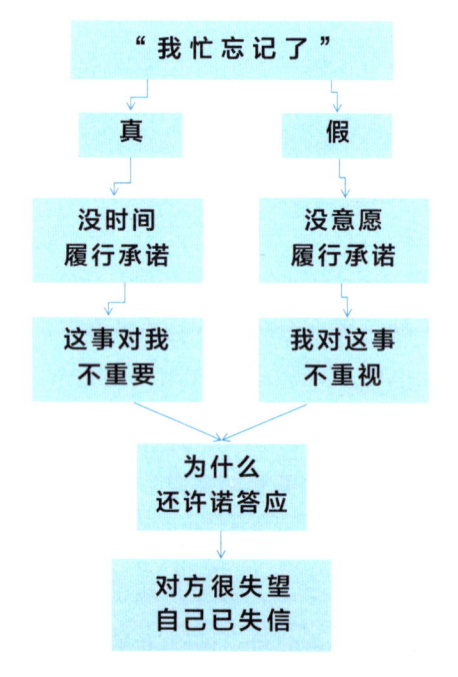

图4-4 因"我忙忘了"失信造成的后果

7 "这不关我的事"：拒绝承担就会输掉未来

> 一个人的生命应该这样度过：
>
> 当他回首往事的时候，不因虚度年华而悔恨，也不因碌碌无为而羞愧。这样在临死的时候，他才能够说："我的生命和全部的精力都献给世界上最壮丽的事业——为人类的解放而斗争。"
>
> ——奥斯特洛夫斯基

近年来，批判"精致利己主义者"的声音此起彼伏。

这种批判有道理吗？

从法律层面上看，无论是"拜金主义者"还是"精致利己主义者"，都没有触犯法律。换言之，这压根儿就不是一个法律范畴内的问题。既如此，为何这些人还会被一再声讨？在法治时代，公民不是"法无禁止即可为"吗？

中国政法大学刑事司法学院罗翔教授在一次节目中曾表达过这样一个观点："如果一个人总是标榜自己遵纪守法，那么这个人完全可能是个人渣。"

须知，法律对个人只是底线要求，职位越高，应肩负的责任越大，道德底线也应越高，这便是"欲戴王冠，必承其重"。责、权、利、义，从来都是相互制衡的。于是，当一个人身处高位却极度自私偏偏又没有违法时，便会遭到批判。

北宋政治家司马光的《资治通鉴》有言："才德全尽谓之圣人，才德兼亡谓之愚人，德胜才谓之君子，才胜德谓之小人。"

遗憾的是，无论是圣人、愚人、君子、小人，"精致利己主义者"都不在其列。严格来说，这些人甚至不属于伪君子。

因为他们仅仅是聪明到极点，却又自私到极致。

这也不关你的事、那也不关你的事，那当意外来时关谁的事？

2008年，在震惊全国的汶川地震现场，发生了许多感人至深、催人泪下的真实故事，其中便有张米亚老师的英雄事迹。

那一天，地震摧毁映秀中心小学只用了短短12秒！而当救援人员搬开垮塌的教学楼一角时，被眼前的一幕惊呆了：数学老师张米亚跪扑在废墟中，双臂紧紧搂着两个孩子，像一只展翅欲飞的雄鹰！两个孩子还有生命体征，而"雄鹰"已经气绝。因为紧抱孩子的手臂已经僵硬，救援人员只能含泪将张米亚老师的手臂锯掉才把孩子救出来。这位平凡的人民教师，在突发的灾难面前迸发出了人性最闪亮的光辉。

至于那位在危难时刻丢弃全班学生自己奔逃的"范跑跑"老师，从那一刻起，就注定要失去作为老师的资格及荣誉。他事后的诡辩，更为他带来了无法抹去的污点。

正如臧克家的经典名言："有的人死了，他还活着；有的人活着，他已经死了。"

事实上，自私是人之常情，但不能太过，否则将反噬自身。比如，当国难来临之时，凡我国人应无一旁观者——有钱则出钱以资军粮，有力则出力报效国家，即便不能亲自上阵杀敌，也应在力所能及的范围之内为国分忧。若有人有能力付出却不愿承担责任，那就难逃人们的谴责了！需要注意的是，这绝非道德绑架。在后文中我们将详述道德绑架相关内容。

反之，若你能在第一时间勇敢站出来为公共利益发声，在力所能及的范围内挑起自己的一份责任，那么不仅能为化解危机出一分力，还能赢得人们的尊敬！

"沧海横流，方显英雄本色；惊涛拍岸，才见中流砥柱。"

8 "我这人就这样"：
　　每一次傲慢都是在为自己挖坑

> 即使是最深刻的言论，如果一个人说的时候态度粗暴、傲慢或者吵吵嚷嚷，即便是在辩论上获得了胜利，在别人心目中也难以留下好印象。
>
> ——约翰·洛克

"谦虚使人进步，骄傲使人落后。"

这是我们刚进入学堂之时，老师对我们的谆谆教诲。

但不知从什么时候起，我们与谦虚渐行渐远，却与傲慢形影不离。假设这个世界上每个人都以"我这人就这样"的傲慢姿态与人对话，那人与人之间的沟通将无法进行下去。

从表现形式上来说，"我这人就这样"与本章前面提到的其他借口稍有不同——这句彰显傲慢的借口可以用一句话、一种行为，甚至是一个眼神表现出来。越是权威人士、越是能力突出的人，越容易因这个借口被诟病！你敢想象一个初出茅庐的年轻人，动辄便以这副口吻与人交谈吗？

人生路漫长而不易走，我们应当竭力发自己的光，但即使自己的光再亮，也不要去熄灭别人的灯。

2023年7月，歌手刀郎一首直击人心的《罗刹海市》火遍全网。据悉，这首歌在半个多月内播放量就突破100亿次，且迅速被改编成京剧版、曲剧版、豫剧版、秦腔版、花鼓戏、绍兴白话等各种版本，各路媒体也纷纷下场点评，轰动一时。

而与此同时，歌手那英却陷入了被网友们"集体讨伐"的声浪之中。为何会这样？这与她多年前担任评委时对刀郎的评价不无关系，一句刀郎的歌曲"不具备审美观点"尽显傲慢与偏见，也让无数歌迷意难平。

傲慢一时爽，却不会一直爽。当一个人心中傲慢的种子开始滋长时，也是他的成就滑坡的开始。

在职场中，有两个名词很有意思："老油条"和"山大王"。

这两个词代表职场中的两大群体，他们经验丰富、能力出众，但"老油条"磨灭了激情，"山大王"缺少大局观。他们都具备一种傲慢的特质，即"我这人就这样"。只要条件允许，这两种人都会被人替代。我们根据态度、能力、经验、三观，把人才分为可培养、可重用、可使用、可淘汰四种类型（见图4-5）。

可培养	可重用	可使用	可淘汰
能力弱/经验少	能力强/经验丰	能力强/经验丰	能力弱/经验少
态度好/三观正	态度好/三观正	态度差/三观不正	态度差/三观不正

图4-5 人才的四种类型

所有志向远大和敬畏人性的有识者，断不会恃强凌弱，他们有独具匠心的见解、有照亮自己也允许别人发光的谦虚，往往能赢得众人甚至是对手的尊重与佩服。

9 "大不了不干了"：
你的缺点不会因辞职消失

> 凡在小事上对真理持轻率态度的人，在大事上也是不足信的。
>
> ——爱因斯坦

"勇者愤怒，抽刀向更强者；怯者愤怒，却抽刀向更弱者。"

所有能担得起"勇敢"二字的人，都是在困难面前毫不气馁、在危险来临时也愿意挺身而出的人！一如武汉新冠肺炎疫情时，毅然从全国各地逆行至武汉的医务工作者们，他们与一遇危难就"一走了之"的弱者形成鲜明对比。

一个人动不动就说"大不了不干了"，除了证明自身的冲动、逃避以及外强中干，还有什么用呢？尽管每个人都有自己不得已的苦衷。

在此，笔者提出以下3点建议，供有过这类想法的读者朋友参考：

（1）善始善终是目标，有始有终是底线

有始有终和善始善终是我们下一章"有恒篇"中的内容，这里稍稍讲一下。

我的恩师李践老师有一个做事的"钻井法则"：1米宽，1000米深甚至10000米深。每个人终其一生所能选择的行业宽度是有限的，若轻易选择，浅尝辄止，必然难以挖到丰盛的"石油"！唯有十年磨一剑的工匠精神，才能功夫到而石油出，这就是有始有终；若认定此地不是你的"产油区"，也应尽职尽责站好最后一班岗，完成交接，让你的老板有所准备。

回想一下，在你当初应聘的简历上，自我评价那一栏是不是把自己夸得跟朵花一样！既然别人给予了你信任与机会，那即便是走，也应当给前老板留下言行如一的良好印象，也为自己留下一段美好回忆，是谓善始善终。高建华老师在《笑着离开惠普》一书中说："每一个离开公司的员工，都会感谢公司的好；而每一个批准我们离开的老板，也会感念我们的好。"

古语说："君子绝交，不出恶语；忠臣去国，不污其名。"在时彼此欢喜，走后被人想念，不是很好吗？

（2）永远别在冲动时做决定

《孙子兵法》说："主不可以怒而兴师，将不可以愠而致战；合于利而动，不合于利而止。怒可以复喜，愠可以复悦；亡国不可以复存，死者不可以复生。故明君慎之，良将警之。"

翻开世界历史可知，古往今来在冲动下做决定而导致惨痛教训的人不可胜数。

在《三国演义》中，一代枭雄曹操将专程从西川来给他进献地图的张松暴打一顿赶走，最终成全了刘备入川；刘备，从织席贩履到蜀汉开国皇帝的人生堪称传奇，晚年却因报关张之仇不顾众人劝阻，最后在夷陵兵败身死，蜀汉自此一蹶不振。

近代法国，当拿破仑得知塔里兰密谋造反时失态咆哮，而塔里兰则泰然自若，这使拿破仑在法国人民心中的威望降低了；近代俄国，处于创作巅峰时期的天才诗人普希金因愤怒与情敌丹特斯决斗，最终惨死在对方的枪下……

年少时，我们都曾憧憬过"依风飘四海，仗剑走天涯"的快意恩仇，也喜欢"来一场说走就走的旅行"的自由洒脱，更向往嘻哈歌手谢帝《老子明天不上班》中的随意任性……但是，现实生活除了琴棋书画诗酒花，还有柴米油盐酱醋茶，千万不要因一时冲动毁了原本美好的人生。

有冲动，便有惩罚；有恼怒，必有懊悔。

（3）承认错的、坚持对的、校正偏的，这才叫成熟

一个心智成熟、目光长远的人，面对潜在的问题、错误及风险，必须要有清醒的认知、判断，然后才能避险止损。

大多数时候，当我们用"大不了不干了"来发泄心中的不满情绪时，其实是在无意中把自己置于"受害者"的错误位置，这不仅对事情的结果无益，还容易连累他人，进而损害自己的声誉。每个人都像团队里的一个螺丝或者机器零件，你突然撂挑子势必会影响项目的整体进展，继而影响更多人对你

的信任。

另一个更加惨痛的真相是：职场受害者这顶帽子戴得久了，渐渐就会变成弱者的代名词。青春正年少，我们当然有"此处不留爷，自有留爷处"的底气和资本，但问题是，即便一走了之又能如何？你自身的问题和缺点就这样消失了吗？掩耳盗铃式的"鸵鸟思维"对我们不会有任何益处。

因为每到一处，你总会发现有让你不舒服的人、让你看不顺眼的事，怎么办？继续玩一走了之的游戏吗？你还剩下多少青春可供挥霍呢？

身在福中不知福、犯了错误不知错、明知有错不敢认、认识错误不能改。这不正是每个职业人应当警醒的"四大悲"吗？

第四章 "轻得失"小结 ｜ 精要回顾

◇ 勇于认错，才能挽回尊严；主动担责，损失方能降到最小。

◇ 一旦认定自己已尽力，你可能就不会再做任何努力，而一切的结果也将止步于此。

◇ 法律对个人只是底线要求，职位越高，应肩负的责任越大道德底线也应越高。

◇ 当一个人心中傲慢的种子开始滋长时，也是他的成就滑坡的开始。

◇ 我们应当竭力发自己的光，但即使自己的光再亮，也不要去熄灭别人的灯。

◇ 一个心智成熟、目光长远的人，面对潜在的问题、错误及风险，必须要有清醒的认知、判断，然后才能避险止损。

第五章
CHAPTER 5

有恒 | 善隐忍

人格魅力必承坚韧不拔的信念

1 真有恒心者从不将坚持挂在嘴边

> 身如逆流船,心比铁石坚;
> 望父全儿志,至死不怕难。
>
> ——李时珍

● **坚守比坚持更具持之以恒的力量**

"天下无难事,有志者成之;天下无易事,有恒者得之。"

坚持确属可贵品质,也是一种难得的精神!但也正因如此,我们才更不能以自己能坚持而沾沾自喜,否则便容易陷入毫无价值的自我感动之中。

比如,你以前懒散惯了,每次制订的清晨跑步计划都坚持不了三天,但这次你竟然坚持了一个星期。这种进步当然值得肯定,于是你为自己的坚持感动不已,觉得自己为此付出了好多——尽管只有一个星期。然而你不知道的是,对那些优秀的人而言,一年四季晨跑不过是他们的习惯,你自以为的坚持和自我感动，在自律者眼中根本就不值一提。

比坚持更有力量的，是坚守。

之所以能坚持，是因为相信自己能够等到胜利的那一刻；能坚守，则是因为知道自己正在做一件正确且有意义的事情，哪怕为此付出再多也坚定不移。

革命年代，为什么无数仁人志士能够义无反顾地为革命事业抛头颅、洒热血？无论是面对高官厚禄的诱惑还是白色恐怖的威胁，他们都不为所动。支撑他们坚守到底的力量到底是什么？是的，正是信仰与使命！《百炼成钢：中国共产党的100年》百集微纪录片中指出，自中国共产党成立以来，先后约有2000万名烈士为新中国革命和建设事业献出了自己宝贵的生命。

中国人民志愿军老战士李昌言老前辈曾说："我们这一代把该打的仗都打完，我们的后辈就不用再打仗了。"

经常将"坚持"二字挂在嘴边自我激励的人，可能早晚会被打回原形！这是因为，需要坚持的外界环境往往不够友好，而咬牙坚持的过程又是备受煎熬的。当内在坚持与外界现实的这种拉锯和对抗超过自身所能承受的临界值，却依然没能得到自己想要的结果时，你的内心会像一只皮球一样瞬间泄气，并且再也不想经历那种煎熬。

笔者敬重的一位前领导，曾在公司大晨会上这样告诫销售团队：任何工作都有意义和乐趣，而你要做的便是找到这种意义和乐趣，这样才不会靠坚持才能做好一份工作。

事实上，与坚持却没能达成目标同样可怕的是：目标在坚持中达成了！许多人在追求目标的路上感到很充实，但完成目标后却倍感空虚和迷茫。

咬牙坚持的过程是痛苦、难受的，但坚定守护的内心却是泰然自若的！这种心态就像清代书画家郑板桥的名作《竹石》所描述的："咬定青山不放松，立根原在破岩中。千磨万击还坚劲，任尔东西南北风。"

● **职场坚持以年为单位，事业坚守以十年为单位**

曾经，在很长的一段时间里，笔者都在反复问自己这样一个问题："为什么有些能力不如我的同事，在公司的职位却都超过了我？"

笔者的第一份工作在上海火速网络科技有限公司，第二份工作在百度，并且在这两家企业都在第一年就完成了从业务员到主管再到部门经理的角色转变，这个晋升速度不可谓不快，但或许正因为快，让我的心渐渐开始飘了！

我在百度待了两年零七个月，那时的我不知为何总有一种被埋没的感觉，于是在顺风顺水的情况下不顾领导的挽留毅然离开，开始了首次创业，却没想到首战折戟……直到后来，我辗转进入上海行动教育科技股份有限公司，并下定决心要将教育培训行业作为自己从事的最后一个行业。也就是在那一刻，我才领悟了恒心的重要性。

若你认为自己在做一份工作，那么职场坚持是以年为单位的；若你认为自己在做一份事业，那么事业坚守是以十年为单位的。

唯有十年磨一剑的工匠精神，才配得上"坚守"二字。

事实上，在以结果为导向的企业工作，是不存在熬资历这一说法的，尤其是营销与营销管理岗，一年不间断的业绩比赛非常磨砺人，也非常能成就人。

但无论你选择了一线还是后勤，也不管你在做管理还是技术，真正把工作做到最好的人都能赢得他人的尊敬与欣赏，这也意味着你已经明白工作中的坚持与坚守之道！

慎终如始，必见花开。

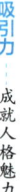

2 眼光准是避免患得患失的前提

> 不要对一切都以不信任的眼光看待,但要谨慎而坚定。
>
> ——德谟克利特

● 努力选择,选择才能大于努力

很多人认为,选择大于努力。

这话正确,但不完整。

我们并非要在选择后才开始认真与努力,而是要在一开始就认真努力地去做选择。

在人生一些重大事项上,如何才能做出最明智的选择?又如何确定自己的选择是最适合自己的?比如:你高考后报什么样的志愿?就业时该选什么样的方向?工作要找什么样的单位?结婚要选什么样的伴侣?定居要在什么样的城市?……

美国著名社会心理学家巴里·施瓦茨在《选择的悖论》一

书中有这样一段话:"你的行为,其实不完全由你决定,而是受到了很多看不见的因素的操控。"

电影《乱世佳人》的编剧西德尼·霍华德也有一句建议:"你若想要明白自己需要什么,就先要明白自己必须放弃什么。"

这不由得让人想起那颇具哲学意味的灵魂三问:你是谁?你从哪里来?你要到哪里去?

在物质匮乏的过去,没有太多选择的人们幸福指数反而更高。在信息时代,我们的选择多得就像商场里的商品,而有"选择恐惧症"的人却与日俱增——选择的过程充满纠结,好不容易做出选择,却又莫名感到不安,甚至还会怀疑人生。

参加过西式婚礼的朋友都看过新人宣誓的一幕,誓词中使用最多的一个版本是:"你是否愿意迎娶/嫁给面前的这位……无论今后贫穷还是富贵,健康还是疾病,你都……"然后两位新人都会信心满满地回答三个字:"我愿意。"

这种信心与底气从何而来?爱情的誓言靠谱吗?为什么有些夫妻能白首不分离,有些夫妻却最终分道扬镳?让我们先把个人自由与权利、婚姻神圣与庄严等暂时放下,现在就问一个问题:那个人、那件事,你真的是认准之后才做出的决定吗?

当你在内心认准某个人,才会下决心余生与其祸福同行、甘苦与共;也唯有当你认定了某件事,才能潜心笃志、无怨无悔地去做。

从职场来说,比如,离你家很近专业也对口的公司,偏偏工资水平比较低；而那家工资高福利好距离适中的公司，则又要加班又经常出差；另一家工资既高且不用出差的公司，偏偏距离你家很远；终于有一家各方面都令你很满意的公司，偏偏对学历和经验的要求又很高……

选择工作是如此，选择爱情又何尝不是如此？

"弱水三千，只取一瓢饮；繁华三千，只为一人饮尽悲欢。"

面对重大选择，很多人会不知所措，就连仓央嘉措那样睿智的"活佛"都发出感叹："世间安得双全法，不负如来不负卿。"

● 第一次就做对选择的秘诀

"善战者无赫赫之功，善医者无煌煌之名。"

这是因为，他们在事件处于起点状态时就准确预判了事件的走向，并积极采取措施成功使事件免于发生。虽然这一过程并不轰轰烈烈，却以最小的成本实现了防患于未然。

当各式各样的选项同时摆在你眼前时，唯有站到高于事件的位置俯瞰这一切，也就是跳出圈外回看圈内，才能避免患得患失，紧盯住那个对未来最为重要的选项！如此，我们就可以果断拒绝利益的诱惑，在"两害相较取其轻，两利相权取其重"中择其一。

"零缺陷"理论提出者菲利浦·克劳士比认为："第一次就能把事情做对。"

《卓有成效的管理者》一书的作者彼得·德鲁克也提倡："要做正确的事，正确地做事，把事情做正确。"

笔者有两位好友：杜盼盼、何锋。杜盼盼是第一份工作就选择了百度，至今已在百度工作16年之久；何锋进入阿里巴巴恰好也有16年；而笔者的另一位老领导郝珊丽，将她人生第一份简历投在了行动教育，至今已工作14年——他们身上的共同特点就是：都是从一线销售员做起，现在都带领着近百人的队伍，而他们的幸福指数也比大多数职场人都高。

下面给有"选择恐惧症"的职场朋友一张选择象限图，分别从重要、迫切、喜欢、擅长这四个维度进行分析（见图5-1）。

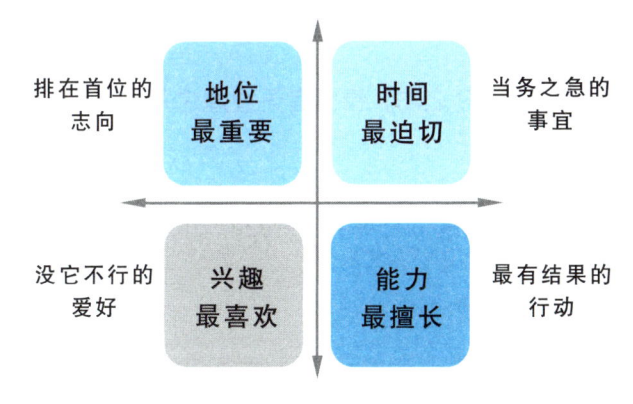

图5-1　选择象限图

真正优秀的人，清楚什么才是自己的最爱，并能摒弃杂念、拒绝贪婪，潜心笃志在自己认定的领域交出一份份最好的成绩单。

倘若你借助上图的分析结果仍难以做出取舍，笔者这里还有一个听上去玄乎却又很灵验的选择方法——抛硬币，两面分别代表不同的选择。但其实，当你闭上眼睛抛出硬币的那一刹那，你的内心深处就已经有了答案。

大道至简，无论何时我们都可以坚信的是：未来的路，心安即可到达。

3 果断出手让拖延症不治而愈

> 拖延是一种诱惑，它可以消磨你的时间，降低你对工作、学习的兴趣，逐渐削弱你的计划性和积极性。
>
> ——威廉·尼尔森

● **拖延在特定场合有积极作用**

天地分阴阳，万物存两面。

说起来，拖延也是有一些积极作用的。

比如说，避免冲动，即所谓"谋定而后动"。若你刚接到某个任务便急于展开行动，很可能会偏离方向，但在你有意拖延的这段时间里，大脑会不断思索，很可能会想到这件事情的关键窍门。

再比如，拖延享受，即所谓"延迟满足感"。与虚拟世界中的即时奖励机制不同，在现实世界中，为了更有价值的长远结果，你要放弃即时满足的选择。当你甘愿为更有价值的目标而延迟自我满足时，你将获得因专注于长远利益而对眼前诱惑说"不"的能力。

20世纪60年代，美国斯坦福大学心理学教授沃尔特·米歇尔曾对600多名幼儿园儿童进行过著名的"延迟满足感"试验，并持续追踪实验对象长达25年。结果表明，延迟满足能力越强，自我控制能力、意志力也越强，因而越容易在工作、学习中获得成功。

甚至，拖延还能作为一种成功、有效的战术广泛应用于商业谈判、竞技比赛以及各种博弈之中，是谓"以静制动、以拖待变"。

这就有点像吗啡，当它被当作药物使用时，友善得像个天使；当它被当作毒品使用时，又邪恶得像个魔鬼。换言之，医生给你打一针吗啡，这是在治病；你给自己打了一针吗啡，你就是在吸毒。拖延也是一样，当你将它作为一种手段去使用，你就是驾驭它的主人；当你被拖延牵着鼻子走时，你就成了它的奴隶。

因此，我们切不可被拖延牵着鼻子走，成为丧失抵抗力的俘虏。

● 你是否经历过如下场景：

· 当早上的第一遍闹铃响起时，你一看才6点，就想再小睡10分钟，结果这一小睡便是40分钟，于是一通洗漱急忙赶到公司，才发现不是忘了带钱包就是忘了拿电脑。

· 你预定了某一时间的高铁票到外地出差，觉得时间足够便磨磨蹭蹭到必须出发的那一刻才动身，却没想到路上堵车，等你赶到火车站时已晚了30分钟。

·你制订了长期健身计划，还细分到了每一天，但一个月下来，面对不曾执行过几次的健身计划，你开始了自我怀疑甚至自我否定。

……

往小了说，一次拖延损失的是一次信任；往大了说，拖延导致的过错可能会影响一生。

● **将大目标拆解成若干小目标，并设倒计时每日提醒**

"合抱之木，生于毫末；九层之台，起于累土；千里之行，始于足下。"

这句话源自老子集毕生智慧写成的经典著作《道德经》。这句话向我们揭示了一个质朴却又真实有效的道理："路虽远，行则将至；事虽难，做则必成，这便是大道至简。"

假如你想种一棵树，最好的时间是10年前，其次就是现在。

有几句似是而非的"名言"极易让人误入歧途，笔者一直认为在引用时应注意区分。比如"改变任何时候都不晚""一切都是最好的安排"等等。改变真的任何时候都不晚吗？既如此，那一年后再改变？不，不，希望可以留在明天，然而行动却必须落在今天！若一切都是最好的安排，那岂不是成了每天躺平摆烂的护身符？显然事实并非如此。唯有从这一刻先下定精进的决心，未来的一切对你而言才会是最好的安排。

笔者还记得，几年前准备写第一本书《职场精进》时，就像"茶壶里贴大饼"——完全无处下手！直到对现状"受够了"的我采用了拆解目标和倒计时的方法,才开始动笔。

笔者以364天为底线、以每天在Word上至少创作1页为目标,然后每天在朋友圈(见图5-2)用倒计时自我鞭策与提醒……就这样,11个月之后,精修后依然有17万字的手稿终于正式交付出版方。

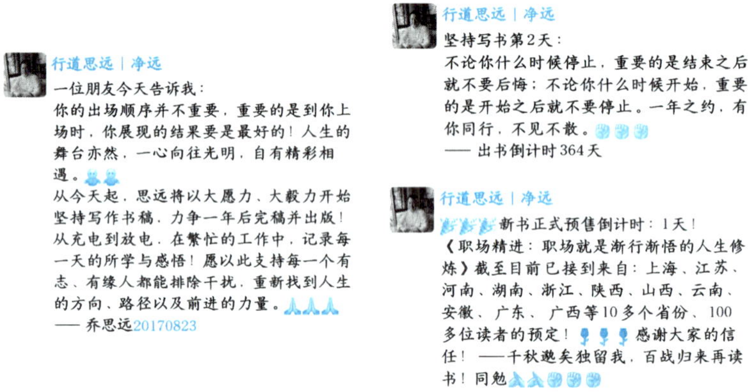

图5-2 笔者在朋友圈进行倒计时截图

与优秀者同频共振,让意志力生而不息

今天,是一个"船到中游浪更急、行至半山路更陡"的超竞争时代,可以说竞争无处不在!如此,我们又怎能单靠个人的意志力在浪潮中航行呢?

在心理学上,有一个现象叫"心流状态",即将个人精神力完全投注到某种活动上,达到极度专注和投入的状态。进入这种状态的人表明其正处于意志力最强的时刻,此时做任何事情都能胸有成竹、无往不利。有相当一部分职业群体非常需要心流状态,如领导者、艺术家、作家等。笔者由于写书的原因,对这种状态也多有体会,在写作过程中会浑然不觉时间的流逝与周围人事的变化，而当一篇文章写完之后才猛然发现几个小时过去了。

然而心流状态对个人意志力造成的损耗也是巨大的，恢复意志力最好的方式莫过于：向上对话、向下思考、向内觉察、向外感应。

所谓向上对话，即要向高手请教与学习，坚持与优秀者同行；向下思考，即要深入思考问题的本质，领悟事物的发展规律；向内觉察，即聆听自己的内心，全面了解自我；向外感应，即定位好自己与外界环境的关系，找到人生存在的价值与意义。

在每次课程结束之时，我都会邀请现场学员做两项"扎口袋"的落地动作——"7要素落地改进表"与"21天打卡精进计划"，前者是为落地课程所学而设定的改进目标，后者则是为落地改进目标而进行的每日精进计划。这是因为，长久以来，教培界最头疼的便是学员的"三动现象"，即课上很激动，课后很感动，回到工作岗位后却一动不动。这就像是让你每日独自晨练你可能坚持不了多久，但若是有一群优秀的人与你相约一起晨练就会容易很多。

心理学期刊《社会发展》上的一项研究报告显示：与较优秀的学生保持良好关系的人在成绩上都有明显进步。

这也是让拖延症不治而愈的方法之一：当你与优秀者同行，自己也会越来越优秀，之后也会有更多的人愿意与你同行。

4 公众承诺加速目标达成

> 目标越接近，困难越增加。但愿每一个人都像星星一样安详而从容地不断沿着既定的目标走完自己的路程。
>
> ——歌德

这几年，成功学因其具有的"鸡汤"属性屡遭批评。网络上甚至有"干了这碗毒鸡汤，我们还是好朋友"的调侃。曾经风靡全球、火遍南北的成功学如今为何会人人喊打？原本营养美味的心灵鸡汤怎么就变成了攻心毒药？

下面这个讽喻故事，大概能说明原因。

有一只狐狸摔瘸了腿，逮不到什么猎物，但它知道山顶上散养着许多鸡，于是就在山崖边立了一块牌子，上面写着："你若不勇敢地飞下去，怎么会知道自己原来也是一只搏击长空的鹰！"很多鸡看到这块牌子之后受到鼓舞，纷纷在山崖边振翅飞翔，想要证明自己是雄鹰。于是，狐狸在悬崖底下每天都能捡到摔死的鸡。

对这个故事的解读有很多种，但无论如何都没有人想成为那些"愚昧无知的鸡"，甚至也不会有人愿意承认自己想做那只狐狸，因为那意味着你的成功是建立在侵犯其他人利益的基础上的。

无论从哪个角度看，这样的"成功路径"都不能被现代社会所接受和容忍。

一个时代有一个时代的产物，一个时代的产物也必然存在着一个时代的局限性。

那么，成功学在今天真就毫无价值可言了吗？

其实，完全没有必要"谈成功学而色变"，多数时候，这也是人云亦云的一种跟风表现。

从本质上来说，所有的自我管理与自我激励都属于成功学的范畴！成功学在今天被诟病，很大程度上是由于被别有用心者用于"精神洗脑"甚至是诈骗。显然，这样的成功学已经"病毒式变异"了，但事实上成功学是为了完善自我和培养他人，促进人们积极进取，推动社会进步而自然产生的学问。

在成功学的理念中，有一个方法对于个人心性、志向的坚定，到今天依然具有极强的指导意义和实践效果，这便是公众承诺。

在中国古代，许多将军在出征前立下的军令状，其实也是公众承诺的一种。直到今天，上至政府机关，下至商家店铺，再到企业团队，均能看到公众承诺的应用场景，其为推动社会进步与个人成长起到了积极作用。

笔者对公众承诺的神奇效力也是深有感触。笔者2014年还在行动教育做销售时,就是借助公众承诺,在两个月的时间里一举完成100万元的年度业绩,并成功拿到集团香港年会的门票,且于第二年晋升营销总监——此案例在笔者的第一本书《职场精进》中已分享,这里不再赘述。

公众承诺对自身来说最直接的作用便是堵住了所有退路,不给自己留任何可以妥协的空间!

假如你也有不甘心,那么趁年富力强来一次公众承诺逼自己一把又何妨?

5 以清晰准确的定位找准自己的角色

> 我们不能幻想自己一下子达到辉煌的顶峰，因为人生是一个漫长的过程，人生的每一个目标都标志着一个站点。聪明的人总是计算好自己的体力，从而把下一个站点定在恰当的位置。
>
> ——拿破仑·希尔

"是狼就要磨好牙，是羊就要练好腿。"

但真正的悲哀并非狼没能磨好牙、羊没有练好腿，而是明明是只狼却只顾着练腿，明明是只羊却整日埋首磨牙。

西晋王朝的奠基者司马懿有一句名言："凡物置之安地则安，危地则危。"翻译过来便是：一件物品的安全或危险与物品本身没有关系，你放到安全的地方它就安全，放在危险的地方它就危险。即使是那些易燃、易爆、易碎的危险物品，只要妥善保管，它们就是安全的；而生活中另一些安全物品，如果我们保存不当同样会引发风险。

由此，我们也可以引申出：决定一件事情成败的关键并非事情本身的难易度，而是看由谁来做。

请思考以下现象的底层逻辑：

·同样一家店铺，为什么前一个店长经营时濒临倒闭，而新店长来了没多久却使之起死回生？

·同样一支队伍，为什么明明前一个长官带是一盘散沙，换个长官却将其变成一支纪律严明的铁军？

·同样一个人，为什么几天前还游手好闲、不求上进，几天后再见到却是精神抖擞？

…………

有时候，我们并没有忘记初心，却依然背弃了初心！一种可能的原因是：在现实利益与终极理想面前，我们被迫选择了前者；另一种可能的原因则是：随着年龄、阅历与见识的增长，我们已不确定初心是否还有意义，是否还值得继续坚守。

宋代禅宗大师青原行思曾以"三重境界"来形容人在一生中所经历的三个阶段，即看山是山，看山不是山，看山还是山。而最让人迷惑的便是这第二重"看山不是山"，在到达"看山还是山"的境界之前，前路有太多的诱惑，而你又将如何应对？

定位，关键是定位。

无论生活将我们置于何种场景之中，我们都得清楚当下的自己是何种角色定位。

要做到这点很不容易,但总体来说却是有规律可循的。我们可以从个人价值、环境需求、优秀榜样、发展形势四个方面来看角色定位(见图5-3)。

观察自己 能胜任什么	**看个人价值**	**看环境需求**	观察对方 需要什么
观察标杆 在做什么	**看优秀榜样**	**看发展形势**	观察将来 会发生什么

图5-3　角色定位四象限

人生贵在认清自己的角色定位,假如你确信自己是一只狼,就要磨好牙,做好狩猎的准备;假如你是一只羊,就要练好自己的双腿,争取别让狼追上你。

6 勇于坚持真理才能避免"人设"崩塌

> 真理，哪怕只见到一线，我们也不能让它的光辉变得暗淡。
>
> ——李四光

许多人说："人生如戏，全靠演技。"

这是一种观点而非事实，因此不存在对错。

不过，秉持这一观点的人很容易忽视现实人生与演戏的区别——我们的确是自己人生大戏的主角，但同时还是自己人生剧本的主创、编剧和导演。这也意味着，剧本要由我们自己去写，剧情走向要由我们自己去定。更具挑战性的是，不会有任何其他"配角演员"配合我们排练，每一天都是未知且不能返场的现场直播。我们在自己的生命舞台上以本色出演，只为呈现人生的精彩而非取悦观众。一如大发明家诺贝尔的名言："生命，那是自然付给人类去雕琢的宝石。"

个体心理学创始人阿德勒在《被讨厌的勇气》一书中写道:"人生是不断与理想的自己进行比较,而不是活在他人的评价之下,我们不是为了满足别人的期待而活着,而是为了自己活出自己的人生。"

于是,你会看到那些刻意取悦观众却演技平平的人,在某个片场把戏演砸,从此成为路人甲乙丙丁;而另一些演技好德行不行的人即便刻意打造人设,也只是显赫一时,最终会因崩人设失去观众的信任;只有真正追求德艺双馨的艺术家,才能自始至终受人尊敬、守住晚节。

谎言重复一万遍真能变成真理吗?在信息不通的古代社会确实有可能,但在移动互联网和自媒体高度发展的时代,即使你重复一辈子也白搭。而当一个人的周遭世界被一个个谎言构筑的泡沫所包裹时,那泡沫被戳破之时也就是他万劫不复之日。

唯有在名利的冲击中保持冷静清醒的头脑——追求而不贪婪、进取而不骄纵、喜欢而不沉迷,才能打破外力加给我们的精神桎梏,一步一个脚印地走出无悔无愧的真实足迹。

电影《楚门的世界》中的主人公楚门,从小到大都生活在一座名为桃源岛的城镇——实则是一个巨大无比的摄影棚。他是这座小城一家保险公司的经纪人,看上去过着与常人完全相同的生活,但事实上他时刻面对着摄像机,每时每刻全世界都有无数人通过电视看着他。他身边包括父母、妻子和朋友在内的所有人,都是导演组雇用的专职演员,甚至连草地、大海、太阳等也都是人造的。

在影片结尾,当得知真相的楚门历尽艰险终于来到这座摄影棚的出口,导演告诉楚门:"外面的世界跟我给你的世界一样充满虚假、谎言和欺诈,但在我这个世界你什么也不用怕,我比你更了解你自己。"而楚门却毅然选择了真实世界,并在转身走出摄影棚之前微笑着以谢幕式鞠躬回应说:"假如再也碰不见你,我祝你早安、午安、晚安。"

《楚门的世界》向我们提出了一个严肃的人生命题:我们该如何区分现实中的真实与虚幻?面对欲望洪流的裹挟,我们要如何坚守自己内心的底线不动摇?电影鼓励我们保持警觉并勇敢追求真理,坚守自己的信念。

7 择一业、精一事、终一生

> 未来是光明而美丽的，爱它吧，向它突进，为它工作，迎接它，尽可能地使它成为现实吧!
>
> ——车尔尼雪夫斯基

● 一生专注做好一件事

"人生直作百岁翁，亦是万古一瞬中。"

被誉为日本经营之圣的稻盛和夫，曾提出这样一个思考题："生而为人，何谓正确？"

显然，这又是一个带有哲学意味的人生命题，如同前文提到的"灵魂三问"。而对这个问题，稻盛和夫先生自己的答案是："动机至善，私心了无。"

这八个字，让笔者不由得想到了中国两位民族英雄——岳飞与孙中山。

岳飞少年时即以"尽忠报国"为终生信条，毕生之志就是收复旧河山，为国家统一至死不悔。一篇《满江红》更是表明了其崇高的民族气节与报国心迹，永远激励着中华民族的后来者奋勇前进。

而作为中国近代民主革命的伟大先驱孙中山先生，更是以"天下为公"为奋斗理念，为国家和民族奔走一生。即使在病危之时，孙中山先生仍念念不忘拯救中国、唤醒民众，其遗嘱中"革命尚未成功，同志仍须努力"不仅是爱国情怀的彰显，更是对后继者将革命进行到底的殷切期盼！可以说，他的理想、他的目标、他的思想体系的基本精神，都浓缩在"天下为公"这四个字之中。

古往今来，纵观中国乃至世界的仁人志士，都有一个显著特征，即他们都找到了作为一个人愿为之奋斗一生的远大志向或者说一件事情，并愿意为这件事不计个人荣辱、利益得失，甚至生死考验。

不仅个人应有长远志向，企业也同样需要。比如，我们经常会在某个有使命感的企业的介绍上看到这样一句话："公司致力于对XX行业的研究与发展，专注于XX领域的深耕细作……"

致力于，是行动的战略方向；专注于，是行为的具体操作。只要将这二者的力量合而为一，便能产生从量变到质变的飞跃！这既是坚持的力量，亦是上天对坚持者的奖赏和馈赠。正如曾国藩在行军日记中写下的："天下凡物加倍磨治，皆能变换本质，别生精彩，况人之于学乎？"

曾国藩是集立功、立德、立言三不朽于一身的"晚清中兴第一名臣",被尊称为"半个圣人"。

但少有人知道的是,曾国藩小时候却并不聪明。

有一天,一个小偷去他家里偷东西,趴在房梁上,想等他家人都睡着了再下手。恰巧曾国藩在这间屋子里背诵《岳阳楼记》。结果小偷睡了两觉曾国藩还在背。小偷就在房梁上听他背,眼看天就要亮了,曾国藩还是没把文章背诵下来。生气的小偷直接从房梁上跳下来,指着曾国藩大骂:"就你这个脑子还读书啊?听我给你背一遍吧。"小偷流畅地背了一遍扬长而去,留下目瞪口呆的曾国藩。

曾国藩在评价自己的短板时,也毫不避讳地承认:"余性鲁钝,秉质愚柔。"但他一生深信并亲身践行"以天下之至拙,能胜天下之至巧"。

加里·凯勒在《最重要的事,只有一件》一书中亦明确提出:"只有在繁杂的工作及无尽的琐事中坚守自己的人生目标,找到当下那一件最重要的事,才能一步步实现你的理想。"

能让你此生"致力于"和"专注于"的那一件事情,你找到了吗?

● **择一业、精一事、终一生**

汉代书法家崔瑗在《座右铭》中写道:"行之苟有恒,久久自芬芳。"

星云大师也认为:"只要耐烦有恒,时间的浪潮会将小人物推向时代的前端；只要脚踏实地，历史的巨手会将小因缘聚合成丰功伟业。"

两年前，笔者应《创业人物访谈》总制片人董豪老师邀请去录制一期访谈栏目。

在采访中，当董豪老师得知笔者为撰写《奋进者》前后耗时两年，便问笔者这两年中最难的时刻是什么时候。看过《奋进者》的读者朋友都知道，在这本书中，笔者记述了5位年轻优秀企业家的成长故事、心路历程与人生感悟。

但其实在这本书写到最后一部分时，笔者的灵感似已油尽灯枯，一度觉得要辜负5位企业家的嘱托和期待了。对那个局面的想象使笔者感到后怕，但也正是想到他们充满期待和信任的眼神以及笔者自己的承诺，让笔者心底又升起一股股力量！

也就是在那时，笔者对择一业、精一事、终一生又有了新的认识。

愿终有一天，我们都能明白：

我们坚持去做好一件事情所能得到的最大奖励，就是我们曾经做过这件事情。

第五章 "善隐忍" 小结｜精要回顾

◇任何工作都有它的意义和乐趣，而你要做的便是找到这种意义和乐趣，这样才不会靠坚持才能做好一份工作。

◇并非要在选择后才开始认真和努力，而是要在一开始就认真努力地去做选择。

◇向上学习、向下思考、向内觉察、向外感应。

◇当你与优秀者同行，自己也会越来越优秀，之后也会有更多的人愿意与你同行。

◇决定一件事情成败的关键并非事情本身的难易度，而是看由谁来做。

◇无论生活将我们置于何种场景之中，我们都得清楚当下的自己是何种角色定位。

◇我们在自己的生命舞台上以本色出演，只为呈现人生的精彩而非取悦观众。

◇我们坚持去做好一件事情所能得到的最大奖励，就是我们曾经做过这件事情。

第六章
CHAPTER 6

有爱 | 常利他

人格魅力必行成人之美的善举

1 唤醒爱：爱是与生俱来的

> 爱是人们心里的火头，它是无尽期、无止境的，任何东西所不能局限、任何东西所不能熄灭的。人们感到它一直燃烧到骨髓，一直照耀到天际。
>
> ——雨果

● **爱是与生俱来的，但爱的能力仍需后天激活**

我们都是因为爱才来到这个世间的，而从发出第一声啼哭的那一刻起，我们便学会了用啼哭去获得爱——在不会讲话前，哭是婴儿传递需求的唯一语言！无论是饿了、困了还是尿了，婴儿都会通过哭来表达，而在这些需求被满足的过程中，我们也渐渐学会了生命给我们上的第一堂课：爱自己。

一个尚不知如何爱自己的人，又如何能懂怎样去爱别人呢？

就像人们常说的：赠人玫瑰，手有余香。但前提是，你手上要真的先有一朵玫瑰。假如你想继续赠更多人玫瑰，你可能就得先去种植一片玫瑰园了。

而在每个人的心灵深处，都有一片取之不尽、用之不竭的玫瑰园，那正是我们与生俱来的爱。

如果说"生命，是自然付给人类去雕琢的宝石"，那么，爱就是产出这世间一切宝石、美玉的原始材料！即便穷尽人类已知的所有语言，也难以完整地描绘出爱的真正全貌。

也因此，尽管人人都具有爱，但如何将爱唤醒，或者说激活并正确运用，依然要靠后天不断地培养和练习。就如同自然界中的风、火、雷、电的本源早在地球诞生之时便已存在，然而如何掌握这些力量使其服务于人类，却还需要人类具备相当的能力与技巧。

人人心中皆有爱，但在欲望的不断裹挟之下爱的能力渐渐被束缚住了！唯有以情动情、以爱养爱，方能释放、激活我们内在的这颗赤子之心！一如宋朝柴陵郁禅师那首著名的《悟道诗》："我有明珠一颗，久被尘劳关锁；今朝尘尽光生，照破山河万朵。"

心理学大师艾瑞克·弗洛姆在《爱的艺术》一书中也明确指出："真正的爱，可以在对方身上唤起某种有生命力的东西，而双方都会因唤醒了内心的某种生命力而充满快乐。"

我们这一生，与爱有关的人生课题大体可归为以下七项：

唤醒爱、给予爱、升华爱、读懂爱、认清爱、拒绝爱、传递爱。

● **爱是能量作用力下的相互影响**

爱时越深，恨时越切。

与体力耗损通过休息即可恢复有所不同的是，爱的能量一旦以某种非正常的方式消耗殆尽，非但难以补充，反而可能转换成另一种具有破坏性的能量，这便是负能量的来源。要知道，正负能量的转换不仅取决于个体的主观意志，与外界反馈也息息相关，导致负能量被激活的原因包括：童年阴影、身处逆境、情感创伤等。

当负能量主导一个人的精神时，其不仅不能给他人以爱，更感受不到周围人的爱，甚至也不相信这世界上还有爱。

《论语·颜渊》有言："爱之欲其生，恶之欲其死；既欲其生，又欲其死，是惑也。"

意思是：当你心中爱一个人的时候，连对方的缺点看起来都是那样迷人，巴不得他能长命百岁；但当你对一个人心生怨恨时，又巴不得他马上死掉。一时想他长寿，一时又想他短命，这就是迷惑。

一个值得警惕的现象是，爱的正能量可以让人的心灵平静，从而更加感激身边的人和物；而恨的负能量不仅作用相反，且造成的连锁破坏力与传播力似乎更加汹涌，在不知不觉中就已经传染给周围的人。社会心理学中大名鼎鼎的"踢猫效应"即此理。

一家公司的老总许诺每天提早到办公室，但有一天早晨因为看新闻太入迷忘了时间，为了不迟到，他在路上超速驾驶，结果被交警开了罚单，最后还是迟到了。

这个老总很生气,刚到办公室便因一个销售经理的小失误将其叫来狠狠训斥了一番。

挨训后的销售经理气急败坏却又无处发泄,便将一个向他汇报工作的销售员刁难一番。销售员无故被上司当众刁难很是不爽,回到家看到小儿子在沙发上跳来跳去,不由分说就对儿子大发雷霆。儿子莫名其妙被父亲训斥,心中窝火,于是对着向他凑过来讨赏的小猫咪就是狠狠一脚。

心理学家加利·斯梅尔也做过一个类似的心理实验:

他让一个笑容满面、开朗乐观的人与一个愁眉苦脸、抑郁难解的人同处一室,彼此交流,并观察两人的情绪变化。结果,不到半小时,这个笑容满面的人就变得愁眉苦脸。

可以预见的是:在半小时内,因为负能量在短期内的剧烈破坏效应,乐观、开朗的人一时被其影响,两人双双陷入愁眉苦脸的状态;但其实只要再过半小时,这种能量场带来的影响力就会此消彼长;再过半小时,原先愁苦的人就会因为想通而重展笑颜,而本就天性开朗的另一人经此事后也会更加开朗、乐观。

托尔斯泰曾说:"愤怒使别人遭殃,但受害最深的却是自己。"

著名精神科医师大卫·霍金斯博士运用人体运动学基本原理,经过长达二十年的临床实验,累积几千人次和数以百万计的测试数据,最终发现,人类的各种意识层次和情绪状态都会产生相应的能量频率,即"霍金斯意识能量级表"(见表6-1)。他把人体的频率设定为从1到1000,任何导致人的振动频率低于200的状态都容易使人生病,而从200到1000的频率则会使身体机能增强。

表6-1 霍金斯意识能量级表

生命观	水平		能量	情绪	生命状态
不可思议	开悟	↑	700-1000	不可说	妙
都一样	和平	↑	600	至喜	平等
好美呀	喜乐	↑	540	清朗	清净
我爱你	爱	↑源	500	敬爱	慈悲
有道理	理智	↑能	400	理解	知止
我错了	宽恕	↑&	350	宽恕	修身
我喜欢	主动	↑动	310	乐观	使命感
我不怕	淡定	↑力	250	信任	安全感
我能行	勇气	↑▲	200	肯定	信心
我怕谁	骄傲	↑▼	175	藐视	狂妄
我怨	愤怒	↓压	150	憎恨	抱怨
我要	欲望	↓力	125	渴望	吝啬
我怕	恐惧	↓&	100	焦虑	退缩
好可怕	悲伤	↓抗	75	失望	悲观
好无奈	冷淡	↓拒	50	绝望	自我放弃
没意思	罪恶感	↓	30	自责	自我否定
死了算	羞愧	↓	20	自闭	自我封锁

2 给予爱：爱是一切感性问题的答案

> 爱的需求或力量一旦死去，人就成为一个活着的墓穴，苟延残喘的只是一副躯壳。
>
> ——比希·雪莱

● 为爱而活的生命更有意义

"你的人生是在为谁而活？"

假如你在大街上问一个年轻人这个问题，得到的回答十有八九是："当然为自己。"若你再去追问为什么，对方可能会本能地扔给你一个反问：

"我不为自己而活难道为你？"

这样的对话是完全有可能发生的。

"人应该学会为自己而活。"这句话有问题吗？没有，一点毛病没有,这就是生活的真相,只不过,这并非真相的全貌,而只是冰山一角。爱自己不是爱的结束而是爱的起始,学会爱自己才能更好地给予他人爱!正如北宋著名思想家王安石的那句名言:"爱己者,仁之端也,可推以爱人也。"

如果说人人都"为自己而活",那这个社会有谁是在为"我们"而活?又是谁在为"我们"而死?

在当今时代,真的还有为"我们"而活的人吗?

火灾发生时,消防员奋不顾身冲入火海救人,试问他们在为谁而活?洪水发生时,为抗洪抢险而牺牲的那些武警官兵与志愿者,他们又是为谁而活?缉毒刑警为不让毒品害人而与凶残的毒贩殊死搏斗,他们又在为谁而活?……

当代作家苏心一语道出了爱的真谛:"哪里有什么岁月静好,不过是有人在替你负重前行。"

现代爱国作家郁达夫在《怀鲁迅》一文中也一针见血地指出:"没有伟大人物出现的民族,是世界上最可怜的生物之群;有了伟大人物,却不爱戴、拥护和崇仰的国家,是没有希望的奴隶之邦。"

那些愿为天下苍生的幸福或奔走,或坚守,或奉献的人,必有一颗辽阔、充实的心,因为他们都领悟到了与众不同的生存价值,即为爱而活的人生最值得、最有意义。

那些牺牲的英雄烈士,一个个原本与我们一样灿烂鲜活的生命,难道他们不知生命的可贵,不懂得要为自己而活,不愿意好好珍惜自己的生命吗?答案只有一个:他们都有崇高的使命感、强烈的责任心！这样的生命观又是从何而来？不正是爱的力量在推动吗？！

大爱无疆，深爱无言。

多年前，笔者曾参与过这样一个主题辩论。正方的观点是人应该为自己而活，反方的观点是人应该为他人而活。双方交锋的过程异常激烈，但笔者却隐隐觉得这个二选一的辩题是个陷阱，明显是一个极端和另一个极端，而这道辩题的真正答案应当是：为爱而活，活得值得；为爱而死，亦死得其所。

总在为别人而活的人，非常容易迷失自我，就如本书开头"有能篇"中那个无论怎么费力去讨好别人，却总有人不喜欢他的同学；而如果你一生只肯为自己而活，则要么有可能"一辈子都吃不上四道菜"，要么如同法国文学家巴尔扎克笔下的守财奴葛朗台那样。

● **心中有爱时，一定要勇敢、及时表达出来**

爱，是生命最基本的情感需求之一，每个人的内心深处都渴望被爱和爱人。

但如果平常不对爱多加体悟和练习，爱的能力又会在不知不觉中退化，这也是今天许多人越活越麻木的原因！再比如，处于热恋中的男女，每天都活在你想我、我也想你的甜蜜中，但当他们结婚后，一方可能有一天忽然会问另一方：我们多久没有向彼此说"我爱你"这三个字了？有人说婚姻走到最后都是亲情。这话倒是真的，然而问题在于，爱难道会因此消失吗？进一步说，包括与父母在内的亲情，难道便不适于用爱表达吗？

答案显然是否定的。

当代作家赵赵在小说《动什么，别动感情》中就说过："表达爱，就意味着我们把心毫无保留地向你敞开。假如你没有回应给我爱，或者没按我理解的'正常'回应，其实就是被插上了一把利剑，因此我们慢慢变得不敢表达爱。"

人生短暂，心中有爱时应当"爱就大声说出来"！否则一旦错过，很可能要懊悔一生。以默默行动去展现爱当然很有意义，但这并不意味着爱的语言便没有力量。事实上，语言本身亦是行动的体现。

即便是生命有一天走到了尽头，语言也依旧可以转换成文字留给活着的人！

● **给予是超越小我的大爱**

小爱自我为一人，大爱无我利众人。

爱，没有逻辑而言，也没有任何道理可讲，但是，爱本身却有大小之分，更有真假之别：博爱众生为大，男女情爱为小，爱人而不刻意求回报为真，以爱之名行占有目的为假。

小爱是需要先决条件的，大爱则不然。

比如，你爱上一个人，必定是由于对方具有某种吸引你的特质。从某种意义上来说，小爱是自我的、自私的，甚至是带有排他性的，哪怕你爱她爱到死去活来，当她与其他异性走近说笑时，你会莫名生起一股醋意。这便是保加利亚哲学家瓦西列夫在《情爱论》中所说的："爱的力量大到可以使人忘记一切，却又小到连一粒嫉妒的沙石也不能容纳。"

而普济世人的大爱是不分对象、不计付出且不求回报的，就像师者的有教无类和医者仁心。哪怕躺在手术台上的是个罪犯，医生也会毫不犹豫地进行救治。

给人以爱，同时也是实现自我价值的最好方式，因为最好的关系正是建立在对别人的给予胜于对别人的索求之上！在人心日渐不古的今天，越稀有就越可贵，大多数人都会感念曾经帮助过自己的人，并愿意在必要的时候给予对方回报。

给予的人生会愈加充盈，而索取的人生则正好相反。

我们其实并不需要等到财富自由了、事业成功了才能去帮助和关爱他人，也并不是要做出很大的贡献才叫给予。别人口渴之时递过去的一杯水，别人迷路之时的一句指引，别人失意之时的一次宽慰，甚至是一个鼓励的动作、一个善意的眼神，都是在给予爱！

是以，让人感动，并不需要你有多大的力量，只需一份担当；让人想念，也不需要你有多高的情商，只需一份善良。

3 升华爱：唯有深爱才能迸发极致的力量

> 我是中国人民的儿子，我深情地爱着我的祖国和人民。
> ——邓小平

● **心怀悲悯让人性的光辉尽显**

有一种深爱，叫作悲悯。

感同身受为悲，拔除其苦为悯。

在各行业竞争态势日益加剧的今天，"快、准、狠"似乎才是个人生存乃至企业发展的制胜之道。至于悲悯，则很容易被视为成功的累赘而被晾在一旁。

直到某一天你跌了跟头、遇到了打击，甚至弄丢了自己，你周围的人却一个个匆匆而过对你不管不顾时，你在惊诧之余才幡然领悟悲悯的可贵，才愿意俯下身去温柔地感受它、抚摸它、拥抱它。

欲望横流的都市、波谲云诡的职场、尔虞我诈的商海会让我们曾经火热的赤子之心日渐冷却！——只是，我们都忘了，在人生这场马拉松中，谁都无法预料自己会在何时、以何种形式遭遇何种变故。或许到那时才能体会"别人经历的不幸都是故事，自己经历的不幸才叫事故"的无力与悲凉。

唯有以一颗真诚的悲悯之心导航，才能到达理想的彼岸。

很多看似难以解决的麻烦和问题，在真正的深爱面前都能迎刃而解，而恰恰是在解决这些麻烦的过程中，才能尽显一个人的人格魅力与人性光辉。

笔者曾多次解析过一个"向空乘要毛毯"的案例：

在一架飞机上，一位年轻的母亲因为熟睡中的小女儿被冻醒，先后三次按铃向空乘人员求助，希望她们能提供一条毛毯。有意思的是三位空乘给出了三个方案。

第一位空乘发现没有毛毯后空手而回，并诚恳地向这位母亲表示歉意；第二位空乘则为这位母亲倒了一杯热水，二次致歉并承诺落地后会向航空公司反馈，以争取后续配足毛毯；第三位空乘是个乘务长，她最终带着一条有体温的毛毯回来，并亲自为那个小女孩盖在了身上。

而这条毛毯，其实是她刚刚与头等舱的乘客们进行一番沟通后，一位男乘客主动让出来的。

若仅从责任的角度来看，这三位空乘分别做到了对流程负责、对职责负责，以及对最终结果负责。

但正如前文所指出的，"一切责任心都是因为内在爱的力量在推动"，那位让出毛毯的好心男士是如此，而那位乘务长更是因为有一颗感同身受的悲悯心，才能设身处地站在那位母亲的立场上去思考问题。可以预见的是，即使乘务长最终没能如愿换到毛毯，也一定会想出其他的解决方案。

但与此同时，我们也必须认识到：要让一个血气方刚、正处在"奋力奔跑"阶段的年轻人具备悲悯情怀可能是不切实际的！从同情心到同理心再到悲悯心，本就是循序渐进的过程（见图6-1）。

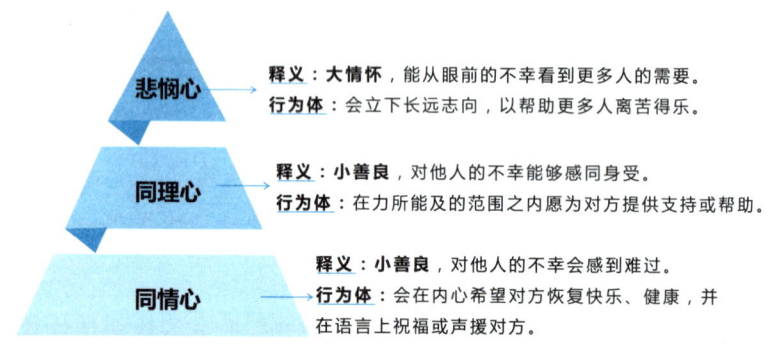

悲悯心 → 释义：**大情怀**，能从眼前的不幸看到更多人的需要。
行为体：会立下长远志向，以帮助更多人离苦得乐。

同理心 → 释义：**小善良**，对他人的不幸能够感同身受。
行为体：在力所能及的范围之内愿为对方提供支持或帮助。

同情心 → 释义：**小善良**，对他人的不幸会感到难过。
行为体：会在内心希望对方恢复快乐、健康，并在语言上祝福或声援对方。

图6-1 从同情心到同理心再到悲悯心的发展过程

然而，这并不妨碍年轻人提前了解心怀悲悯的重要性。因为，当一个人35岁后，或者说人生旅程过半时，会对这个词的意义有愈发深切地感悟。

此外，悲悯情怀不会影响人们乐观的本性，而且因为有了"达则兼济天下"之心，乐观的人反而会更坚毅，成为"谨慎的乐观主义者"。

● **极致的深爱，可以迸发不可思议的力量**

若信，就深信；若爱，就深爱。

凡·高的《向日葵》《星夜》等油画之所以能成为名作，正是因为其蕴含着凡·高对这个世界真挚的爱！无论现实世界多么阴暗、寒冷，在饱受病痛折磨的凡·高心中仍然燃烧着一簇簇炽热的火苗，如同他笔下的一幅幅作品般跳动不息。

深爱，是爱到极致，它能让人甘愿为心中的信念不顾一切、舍生忘死。

在笔者看来，作为公民最深沉的爱，应属爱国无疑！假如一个人连生养自己的这片国土都不愿热爱和守护，又有什么资格去与人谈论爱、给予爱呢？

前阵子，笔者在网上看到一个父亲教导孩子的帖子，心中五味杂陈。该帖子中的父亲认为孩子只要感谢父母就可以，其他人均可不理。

作为孩子的监护人、第一任老师的父母，让孩子记住父母的养育之恩当然无可厚非，但为什么要告诉孩子不要感谢其他人？学校教他知识的老师不需要感谢吗？帮助他成长的良师益友不需要感谢吗？国家在教育、医疗以及社会各领域的投入这位父亲都看不到吗？……这位父亲又希望自己的孩子将来变成什么样的人呢？

"有一天，国家若征兵，我愿弃笔从戎！青山处处埋忠骨，不须马革裹尸还。"

这是在得知"中印边境加勒万河谷冲突"后，笔者在朋友圈里发出的呐喊！笔者特别欣赏民族英雄林则徐的那两句诗："苟利国家生死以，岂因祸福避趋之。"

爱国、报国绝不应因为个人地位的高低以及人生的顺逆而动摇——"威武不能屈、富贵不能淫、贫贱不能移"的坚定立场绝非愚忠犯傻，而是大节大义！

极致的深爱，必能迸发不可思议的极致力量。

4 读懂爱：懂一个人比爱一个人更重要

> 人们往往忘记善行和恶举，甚至还会憎恨自己的恩人或是停止憎恨自己的仇人。对他们来说，报恩或报仇的需要就像是他们不情愿服从的暴君。
>
> ——拉罗什弗科

● **爱是对需求的适度满足，无节制满足将适得其反**

俗话说"小恩养贵人，大恩养仇人。"

作为一个武侠迷，笔者在年少时读古龙的《多情剑客无情剑》时，心头总有一个难解的疑惑：明明李寻欢对龙啸云恩重如山，两人还是结拜兄弟，为什么龙啸云要处心积虑地置李寻欢于死地？

及至年龄、阅历渐长，笔者才逐渐明白人性的复杂，明白了为什么会出现"升米恩，斗米仇"的现象。

孟子曾说："爱人不亲，反其仁；治人不治，反其智；行有不得，反求诸己。"

电影《教父》中也有一句有名的台词："没有边界的心软，只会让对方得寸进尺；毫无原则的仁慈，只会让对方为所欲为。"

恩重如山，这是人们对恩情的溢美之词。

但当一个人亏欠另一个人的恩情太多、太重，终其一生都无法回报时，这座像大山一样的大恩也会压得人喘不过气来。此时就只剩下最后一样东西方能报答，那便是生命——就像古代对待侠士的救命之恩，男的会"舍身追随"，女的则是"以身相许"，再不济也要"来世做牛做马"报答。

然而，生命对于每个人来说都只有一次，不到万不得已的时刻，谁想要以死报恩？这时有些受恩者的内心就会产生心魔：欲报恩却无以为报，不报恩则寝食难安，活在对方恩赐的阴影中。若不能及时警醒，阴暗心理便会主导其思想。于是，像龙啸云那种"恩将仇报"的行径也就出现了。

有人说，像这样的恶人毕竟是少数，这世上永远都是善良的人、感恩的人更多！这话笔者完全同意，但关键在于，恶人难道是天生的吗？他们难道从来就没有善良过？而我们这些自诩"好人"的人就没有坏的可能？不，人性远不是非黑即白。有兴趣的读者朋友可以读一读刘墉的《你不可不知的人性》，对人性会有更深刻地理解。

● 应对人际关系学中的"三不原则"

如果你不想遭遇"大恩成仇""忘恩负义"等情形，以下3个原则请谨记。

（1）帮人后不要对外宣扬

无论是谁,即便有求于人之时也是有自尊心的。在电影《叶问》中,廖师傅找叶问比武却打输了,但因为不是公开比试,怕传出去丢面子的廖师傅一再请求叶问不要向外人提及。

无论恩情大与小,也不管你们关系有多铁,这都是你们两人之间的私事,"不足为外人道也"。

（2）不能一直授人以鱼

"授人以鱼不如授人以渔。"

须知,无限满足对方的需求无异于为自己挖坑!而授人以渔不仅能让其自力更生,以作长久之计,更能避免对方形成依赖心理。

否则一旦形成惯性依赖,很可能会造成"斗米仇"的结果。

（3）不要让人情债累积

当前社会,朋友之间最难为情的求助,应属借钱无疑,正所谓"谈钱伤感情"。

无论帮的是什么忙,也不管是谁在帮谁,笔者都不建议人情债一直累积,要有来有往才能增进感情。比如,你向朋友借一本书,那么在这本书尚未归还之前就不要向对方再次借书。换言之,在上一个人情未还清之前,不宜再请求对方二次帮忙。

● 懂对方,才能正确给予最适合的爱

悟,比问更为重要;懂,比爱更为重要。

不懂就问虽然是一个好习惯,但在开口之前,应先确定自己是否尽最大能力后仍不懂,否则亦有可能使自己渐失独立思考的能力。给人关爱固然是一种好品德,但在给予之前,也

要先弄清楚对方此时真正需要的是什么，否则很有可能事倍功半，甚至是好心办坏事。

有一次，我从外地培训完返回上海后，打到了一位中年女司机的出租车。

在得知我是培训师后，她向我分享了她生活中的两件事情，说想听一下我的意见。一件事是，她打算送10岁的女儿去学古文，因为她在家长群里看到很多人在炫耀自己孩子的古文储备量，她看着特眼热；再一件事，她的孩子某天感冒后想要傍晚到楼下玩耍，被她以生病为由拒绝了，孩子虽然听了，但噘着嘴巴并不服气。她问我她这样做对不对。

我想了想，告诉她我的看法：第一件事，对孩子来说其实是"兴趣决定志向，志向决定学习方向"。古文属于选修项，且学成非一日之功，可以先带她去现场体验一次，观察她有没有兴趣。如果孩子没兴趣而你又不指望她将来做语言学家，那就应尊重她的意愿。第二件事，我送给她一句话："人教人，教不会；事教人，一次会。"然后让她自己去思考"除了训斥和强制手段，还有哪些方式能让孩子明白'感冒后不宜到户外玩耍'的道理。"

有一种伤害，叫作"我都是为你好"。
家庭之爱如此，男女之爱亦如此。
假如她想要一个苹果，你却给了她一筐梨，这是爱吗？
没错，这也是爱，不用怀疑。因为，这一筐梨可能已是你的全部。换言之，你尽管没能给到她想要的，却愿意为了她倾尽所有。如果这都不算爱，那这算是什么？

如果那人是你，你会不会有一点点感动？

不管你有没有，笔者运笔至此都有些感动，因为这又让我想到那个"猫和猪做朋友的故事"。

猫和猪是一对好朋友。

有一天猫掉进了一个大坑里。猪拿来绳子，猫让猪把绳子扔下来，结果猪把整捆绳子都扔了下去。猫很郁闷地说："都扔下来，你还怎么拉我上去？"猪说："不然怎么做？"猫说："你应该拉住绳子的一头啊！"猪马上也跳进了大坑，拿起了绳子的一头，说："现在可以了！"猫哭了，哭得很幸福！

然而现实中一个扎心的事实却是：被你感动是一回事，答应你还是给你发一张"好人卡"，则又是另外一回事。

懂一个人并不一定是因为相爱，也可以是如伯牙子期那般"高山流水遇知音"的相互欣赏。然而真的爱一个人，却一定要先懂这个人！因为爱以幸福为唯一目标，而幸福的前提就是要先充分了解对方的喜好、感受并尊重对方的选择，这样才能"有情人终成眷属"。

但，假如她一心只喜欢苹果，而你也真的只有梨，那大家依然可以不失尊严、了无遗憾地真诚为对方祝福——有时候，适时放手是因为懂，选择放手是因为爱。

将一切都交给时间，最终她一定能找到属于她的苹果园；而你，也一定会找到你生命中的梨园。

这只因为：一心向往光明，前方自有真爱。

5 认清爱：无情是世间最特别的爱

> 天行有常，不为尧存，不为桀亡。
>
> ——荀子

"小善似大恶，大善最无情。"

通常来说，所有关于爱意的表达似乎都应当充满温情、使人舒适，但其实这是对爱的一种误解。

有时候，严肃、严厉甚至无情同样是一种爱。尽管这种爱的表达很另类，也让人不那么好接受，并且给予这种爱的人自身也痛苦；但从某种程度上说，无情的爱才是更负责任的爱，尤其是在父母爱子女方面。关于如何爱子女，战国时期赵国大臣触龙对赵太后的谏言仍具有教育意义，"父母之爱子，则为之计深远"。

如今，我们时不时就会看到关于"巨婴""啃老族"的报道，说明很多家长的教育观念出了问题，而很多孩子的观念更是错得离谱，华人作家刘墉也曾感叹说："今天有多少孩子，既要美国式的自由，又要中国式的宠爱；没有美国孩子的主动，又失去了中国的孝道。"

在教育孩子方面，有些家长还不如自然界的老鹰。

一只小鹰出生后，享受不了几天舒服日子，就要接受母鹰近乎残酷的"训练"。待小鹰初步掌握飞行技能，母鹰就会把它们带到树上或悬崖边，然后松开爪子把它们丢下去任其飞翔。因为母鹰知道，这是决定小鹰未来能否在广袤的天空自由翱翔的关键所在。

有的猎人动了恻隐之心，偷偷把几只小鹰带回家喂养，后来却发现这些被喂养长大的鹰至多飞到房屋那么高。

试想，一个从小在爸妈"360度保护伞"下长大、从来没经历过摔打历练的孩子，又如何指望他长大后在社会上独立自强、勇挑责任？

《道德经》说："天地不仁，以万物为刍狗。"

天地孕育了自然万物，犹如万物之生身父母，但其对待万物却并不十分仁慈，无论是对待作为高级灵长类的人类，还是用草纸扎成的狗，都一视同仁。然而，上天降下的阳光雨露、大地孕育的万物，却依旧给予了人类和自然界的生命得以生存的基本物质。

无论是动物还是人类，终归要依靠自己的翅膀去翱翔，这才是长远的生存之道！过度保护与过度依赖一样都是变相的伤害。

6 拒绝爱：向一切以正义为名的道德绑架说"不"

> 朋友间当遵守以下法则：不要求别人寡廉鲜耻的行为，若被要求时则应当拒绝之。
>
> ——西塞罗

● **任何以正义为名的行为都不可逾界**

有人的地方，就有江湖。有江湖的地方，就有侠客。而网络，是一个超级江湖，在这个江湖中有一种侠客，叫"键盘侠"；有一种绑架，叫道德绑架。

侠客本应以侠义为怀、以拯救普通民众为己任！但讽刺的是，恰恰是自诩正义的"键盘侠"，在充当着道德绑架与网络暴力的幕后推手。

想象一下，当你是以下场景的当事人时，会有何种反应：

- 你比大家都有钱，怎么才只捐这么点？
- 看你年纪轻轻有胳膊有腿的，就不懂得给老人让个座吗？
- 不就是划了你的车吗？他还小，你跟个孩子计较什么？
- 这杯酒我已经干了，你只抿一小口是瞧不起我？
- 我不是道过歉了吗，你还想怎么样？

…………

在这个社会中，所有人的人格和尊严都是平等的。但从什么时候起，我们竟有资格对别人的行为指手画脚？

医治手术台上的犯罪嫌疑人固然是医生的职责，但假如那名犯罪嫌疑人伤害的是医生的亲眷呢？医生可以拒绝为其救治吗？从职责上看，医生须一视同仁；但旁观者却不能以正义之名去苛责医生，否则将有道德绑架之嫌。

心理学家苏珊·福沃德在《情感勒索》一书中对情感勒索（即道德绑架）的行为与后果有深刻解剖。她认为："情感勒索就是勒索者抓住受害者的恐惧感、责任感和负罪感，双方一起被困在恶性循环之中。"

几年前，美国对中国发动了贸易战，一时间激起了广大国人的爱国主义思潮！

比如，大家纷纷号召支持国货，支持华为手机……但这股思潮中的一部分矛头很快就转向了自己的同胞，他们称："爱国就要买华为，不买华为就是汉奸。"使用苹果手机的国人遭受到不同程度的歧视。

这显然是以正义之名进行的道德绑架。在开放与包容的当前中国，社会对个人的言论自由度与行为宽容度达到了前所未有的水平。这可以让任何一个普通民众在遭遇不公时，都能有为自己及时、公开发声的机会，其背后体现的其实是社会文明的进步。

《诗经》有云："投我以桃，报之以李。"

国家给我们创造了言论自由的环境，赋予了我们言论自由的权利，那每个公民亦应守住言论自由的边界，既不能违反法律，也不可违背公序良俗，更不能以伤害他人为代价来满足个人的一己私欲。也就是说，无论我们是以正义之名，还是自认为占据了道德的制高点，都不能让言行越过底线，否则反而会给别有用心者可乘之机，造成严重的后果。

● 警惕将"道德绑架"一词作为攻击武器的现象

没有人希望遭遇道德绑架，然而一些人在将之作为攻击他人的"思想武器"时，却又运用得炉火纯青。

比如，当你向某人提出一个善意的建议时，若言语不称其心，对方便会因此指责你是在搞道德绑架，于是你以后不敢再提建议。但其实，这种扣帽子、上纲上线的指责又何尝不是一种道德绑架？若此风不刹，"绑架"是没有了，但"道德"也会跟着一同消失！人人都只敢"各扫门前雪"，确实不会有过错，但整个社会的人情却冷漠若冰霜……

身在其中，个人又将如何自处？

曾经有人说：这世上有两样不能直视的可怕东西，一是太阳，二是人心。今天，笔者在此也要说：这世上比道德绑架更可怕的，是道德丧失；比亲情绑架更可怕的，是亲情不再。若任由此类歪风蔓延，实非国家和社会之福。

"拒绝他人道德绑架，做回自己；决不道德绑架他人，从我做起！"个人心语，愿与诸君共勉。

7 传递爱：来一场爱的接力赛

> 只有当你给你的朋友以某种帮助时，你的精神才能变得丰富起来。
>
> ——苏霍姆林斯基

● 心怀感恩，便不会将命运视为对手

一个人奔跑于追梦的路上，免不了要经历这样或那样的磨难、这样或那样的坎坷。这就需要有一种自我激励的信念，比如"人定胜天""战胜命运"等。

这些话语确实励志。然而，在"胜天""胜命运"的过程中，当磨难超过个人所能理解与承受的范畴时，一些人又开始指责上天的不公、埋怨命运的不平。抱怨者的牢骚与失意者的哭泣当然无人问津，但假如能将上天和命运"拟人化"，那"他们"大概也会很无辜地回应："明明是你自己说要来战胜我、征服我，现在败给我，却又对我生出这许多抱怨……"

而抱怨、牢骚不仅于事无补，久而久之还可能会让你不再相信爱，甚至在别人跟你谈爱、谈感恩、谈奉献时，你还会嗤之以鼻。

有时想想，为什么一定要"人定胜天"而不是"天人和谐"？为什么非要"战胜命运"而不是"与命运同行"？人类前赴后继地宣称要征服大自然，但人类真的能征服大自然吗？不，不，就连人类自身都只是大自然的一部分！就像你曾经成功登顶过珠峰，那就代表珠峰被你征服了吗？

中国民间登顶珠穆朗玛峰次数最多的是艺术家孙义全。他曾先后四次（2013—2023）站在珠峰之巅！但他说得最多的感触却是："不是我征服了珠峰，而是珠峰接纳了我。"很多人认为登顶珠峰是对自然的征服，孙义全却说："不，那是自然对人的教诲与护佑。"

一个人能四度登上珠峰之巅，相信对于出发与到达、信念与坚守、爱与生死等理念必然有着常人所不及的深刻理解和感悟。

那他的话意味着什么？

意味着一个人在出发之前要心怀敬畏，在行进途中要坚韧不拔，在胜利之后更要谦恭感恩。

人类与自然的关系是共生而非征服，与其狂妄地将上天、命运等视为要去战胜的对手，不如心怀感恩将其看作人生路上忠实可靠、只是时刻在磨砺我们的合作伙伴。也正如《军师联盟之虎啸龙吟》中司马懿的经典台词："臣这一路走来，没有敌人，看见的都是朋友和师长。"这才是真正意义上的"天下无敌"。

心不老，永远是少年；常感恩，四海皆知己。

● **与命运和解，才能释放大爱**

所获皆恩，所遇皆师。

人生在世，难免遇到伤害我们的人，我们或许也无意间伤害过别人，但只要仍能以一颗感恩的心去思考和面对，一切就都不是问题。

毛主席曾说过："把敌人搞得少少的，把朋友搞得多多的。"

西德尼·史密斯也认为："生活中有许多这样的场合：你打算用愤恨去实现的目标，完全可能由宽恕去实现。"

如果你曾经在潜意识中将命运视为要去战胜的对手，笔者真诚建议你即刻与命运和解，也就是从心底对它说："嘿，我的伙伴，无论未来你会给我什么，都让我们握手言和吧！"然后，集中精力做你该做的事。

南非前总统曼德拉曾被政敌关进监狱长达27年，他人生的三分之一都在坐牢。但他成为总统后做的第一件事却不是清算政敌，而是推进民族和解政策。曼德拉认为，"倘若我不能把过去的悲痛和怨恨留在身后，那么我其实仍身处狱中。"

如果连命运这个曾经最大的对手我们都能与之和解，那以前在生活中曾给我们带来伤害的那些人，又有什么不能"相逢一笑泯恩仇"的呢？

● 传递爱，让爱生生不息

著名作家萧伯纳曾说："如果你有一个苹果，我有一个苹果，彼此交换，那每个人还是一个苹果；如果你有一个思想，我有一个思想，彼此交换，我们每个人就有了两个思想，甚至多于两个思想。"

爱的交换、分享与传递，原本也应如此。

然而现实状况却不容乐观：当今社会，很多人浮躁、自私、冷漠。自2011年"郭美美事件"引发轩然大波后，就连红十字会都遭遇重大的信任危机，其公信力不断遭到质疑，也进一步伤害了社会大众对爱心传递过程中的基本信任。

无论你生活在什么样的环境中，都应当聆听自己心底的声音：作为个体，我们到底想要生活在一个什么样的社会环境中？我们喜欢与什么样的人打交道、讨厌什么样的人、现在的自己又是怎样的人？如果你坚信明天会更好，那么不管他人如何，你能对自己的言行首先负起责任吗？你愿意为这个社会多一份正能量去尽一份绵薄之力吗？

《中国青年报》曾报道过一个爱心传递的故事，其中的温情至今仍令笔者感动：

2012年4月16日下午，天津的哥马志刚拉了一位盲人乘客，计价器显示车费11.4元。马志刚拒绝收费并将其搀扶到保安处，然后说了一句"我不伟大，我不收你钱是因为我比你挣钱容易"。

当他把这件事告诉下一位乘客后,这位乘客下车时坚持多付费给他,并说:"这钱包括刚才那位的。我也不伟大,但挣钱比您也容易点,就希望您继续做好事吧!"

一句暖心的话语,连起两颗爱心,感动了无数国人。
那么,将我们心中的这份爱心传递出去,要耗费很大的时间、力气或钱财吗?当然不需要,其实只需要我们在生活中释放一份善意。

·微笑:无论是身边的人还是陌生人,在与对方眼神交流时,一个善意的微笑足以令人心情愉悦。

·问候:早晨进公司后第一时间和大家打招呼,对他人的招呼给予热情回应。

·帮助:比如在公共交通工具上为有需要的人让座,遇到需要帮助的人主动伸出援手。

·赞美:用善于发现美的眼睛对身边人的衣着、打扮、谈吐等给予真诚的赞美。

·关心:当看到他人不开心或情绪低落时,可以说一句:"有什么需要我帮助的吗?"

…………

总之,日常生活中的许多微小举动,哪怕只是一个善意的眼神,也能让对方瞬间感受到温暖。而在这个过程中,每个人都将体会到更多的快乐与幸福!这便是著名诗人沃尔特·惠特曼在《大路之歌》中颂扬的:"从此我不再希求幸福,我自己便是幸福。"

星星之火，足以燎原。

你还记得曾经玩过的游戏"击鼓传花"吗？

无论室内气氛多么沉闷，一个小小的击鼓传花游戏便能让气氛热烈起来。而爱的传递，就是在生活这个"室内"击鼓传花。"爱出者爱返，福往者福来"——你今天传出去的是一朵小花，有朝一日传回到你手中的，很有可能是一片花海！

我坚信，以爱心和善意去带动一个人，就能影响到他背后的一个家庭、一个圈子。

我坚信，在14亿国人爱心接力的不断循环中，有一天定能让世道人心重回"真诚质朴"，让社会风气重归"平和友善"——而那，正是我们每一个人心中向往和期许的。

我坚信，这一天，我们一定都能看得到！

第六章 "常利他"小结 | 精要回顾

◇ 每个人的心灵深处，都有一片取之不尽、用之不竭的玫瑰园，那正是与生俱来的爱。

◇ 为爱而活，活得值得；为爱而死，亦死得其所。

◇ 博爱众生为大，男女情爱为小，爱人而不刻意求回报为真，以爱之名行占有目的为假。

◇ 让人感动，并不需要你有多大的力量，只需一份担当；让人想念，也不需要你有多高的情商，只需一份善良。

◇ 唯有以一颗真诚的悲悯之心导航，才能到达理想的彼岸。

◇ 无论我们是以正义之名，还是自认为占据了道德的制高点，都不能让言行越过底线。

◇ 比道德绑架更可怕的，是道德丧失；比亲情绑架更可怕的，是亲情不再。

◇ 一个人在出发之前要心怀敬畏，在行进途中要坚韧不拔，在胜利之后更要谦恭感恩。

第七章
CHAPTER 7

有度 | 育胸襟

人格魅力必有海纳百川的度量

1 人生90%的事都不值得生气

> 世界如一面镜子：皱眉视之，它也皱眉看你；笑着对它，它也笑着看你。
>
> ——塞缪尔

● **让你不再易怒的"垃圾人定律"**

常言道，人生不如意事十之八九。

假如我们把这句话反过来说，即"人生如意事十之八九，不如意事十之一二"，又当如何？我们的生活会因此拥有更高的快乐指数吗？

短期内也许可以，但随之而来的一定会是更长时间、更深程度的失望、沮丧与愤怒！

布鲁斯是纽约水牛城一个电视节目的新闻评论员。他牢骚满腹，运气也差到了极点，但他把一切都怪罪到了上帝头上，并咒骂上帝。上帝受够了他的抱怨，便决定赐予他一天神力，让他管理世界。

布鲁斯拥有神力后很快就对不计其数的祈祷烦不胜烦，于是，他对所有祈祷一次性按下了YES键。结果，全城人都中了特等奖，但由于每个人只能领到17美元，大家由最初的满心期待变为失落、失望，接着是质疑、愤怒，最后演变成了一场街头暴动。

正如阿德勒指出的："我们的烦恼和痛苦都不是因为事情本身，而是我们加在这些事情上的观念。"

生活有时简单得像一汪清水，我们直来直去地饮之即可；有时却又醇厚得像红酒，需要细细品味才能尝到其中的滋味。而在所有让我们感到愤怒的事件中，有90%是本可以轻松避免的！这当然不是靠简单的一句"退一步海阔天空"，而是需要你掌握几乎能消除一切负能量的"垃圾人定律"。

所谓"垃圾人定律"，是由大卫·波莱所著《垃圾车法则》衍生而来，其核心思想是"每当有垃圾人向你走来，你就微笑、挥手、祝福、前行"。要知道，这世上有许多深陷负面情绪的人急需找人"倾倒"，有时很不幸就被你撞上了。

正如"被狼人咬过的人也会变成狼人"，稍不注意我们也有可能被传染成新的"垃圾人"。

为什么有时候你和别人吵完架后，会产生很过瘾的感觉？那是因为你体内积存的"情绪垃圾"被你倒在其他人身上了！显然，这种饮鸩止渴的舒爽是短暂的，并且是不道德的。就好比每一个地痞流氓都只能在"欺压良善"的行为中得到快感。

城市中的生活垃圾为什么要统一倾倒，还要分类管理？

因为若大环境都被污染，最终被熏臭的还是我们自己，"情绪垃圾"也是如此。当遇到那些张牙舞爪、嚣张跋扈的"垃圾人"，我们要么果断报警，要么微笑礼送瘟神，唯独不必去与其互撕，以免被对方一身的"垃圾"沾染。否则，就算你吵赢了，也还是输了。

对此，有个段子比喻得可谓贴切。

与禽兽搏斗的三种结局：赢了，比禽兽还禽兽；输了，禽兽不如；打平，跟禽兽没啥两样。

当然，路见不平、拔刀相助的见义勇为不在此列。

● 慎做礼貌却固执的"三季人"

"夏虫不可语冰，井蛙不可语海。"

这两句话，说的是社会上的另一种人——"三季人"。

与一言不合就开撕泄愤的垃圾人不同的是，"三季人"还是很礼貌、很斯文的，只不过，这类人认知层次较低、见识短浅，思维方式往往比较简单，直白点说就是"二极管思维"。

最早提到"三季人"概念并有据可查的，是《论语》中的一个典故——《子贡问时》，篇幅所限，略去这段故事，有兴趣的读者朋友可上网自查。

笔者在《奋进者》一书中写到的大河宴董事长周颖女士也分享过一个类似的案例：

有一次，她对弟弟说："我们这栋楼的后面有一座山。"

她弟弟看到楼后面只是一条大街，便问她哪来的山。周颖告诉他："你眼中看不到山，是因为你从没上过这栋楼的楼顶。我上去过，所以我知道后面有一座山。"

眼界决定胸怀，视野决定世界。

我们实在没有必要与"三季人"争一日之短长！人生有太多重要的事、精彩的路在等你探索。遇到这两类人，只要能以"三人三度法"（见图7-1）应对，定能将日常90%的怒气都消弭于无形：

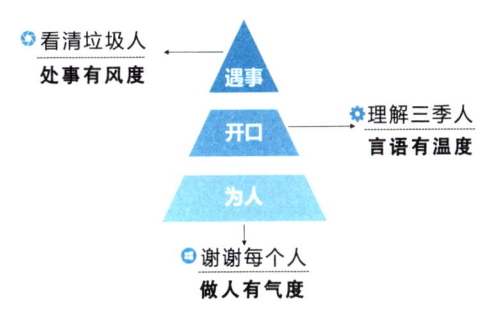

看清垃圾人　处事有风度　——遇事
理解三季人　言语有温度　——开口
谢谢每个人　做人有气度　——为人

图7-1　三人三度法

与此同时，我们仍有必要保持警醒：并非所有与你三观、看法不同的人都属于"垃圾人"或"三季人"，一言不合就给对方贴上此类标签，反而证明了你骨子里的傲慢与肤浅。换言之，别人若是五季人、六季人呢？说不定在对方眼中，你才是真正的"三季人"。即便你有一天掌握了真理，那也不是因此轻视他人的理由。

遇事冷静，待人平和，宽人律己，才可能避免生活中90%的麻烦事。

2 胸怀从来不靠委屈撑大

> 在这个世界上想有所成就的话,我们需要的是豁达大度,心胸开阔。我一向主张做人要宽宏大量,通情达理。
> ——辛克莱·刘易斯

● **委屈撑大胸怀只是小概率事件**

偶然成功,绝不等于必然成功。

有些事情,其实是少之又少的小概率事件,就像所有的赌徒都幻想着能靠赌博致富,但事实上却是十赌九输,绝大多数赌徒因此倾家荡产。

有一生以赌为业获得成功的人吗?

有,但太少了,不具有参考价值,普通人也学不来。

在现实社会中,从来就不是"别人买一张彩票中了大奖,那我买一张也能中"那么简单,更不是"委屈既然能撑大别人的胸怀,那也一定能撑大我的"。

正如致富不能靠博彩，胸怀也不能靠委屈撑大，永远别把小概率事件当作普世真理！千万不可相信什么"胸怀、格局都是被委屈撑大"之类的鬼话，那才是如假包换的"毒鸡汤"。

倘若一个人不断受委屈却未能及时释放，非但不能撑大胸怀，在委屈积累到一定程度后反而会引发两种后果：要么向外爆发变成怨恨，要么向内爆发憋出内伤。相当一部分恶性事件多多少少都与前者有关——你会看到有的人平时看上去挺老实的，突然有一天就干出一件出格的事来。这很可能是长期内心压抑、憋屈造成的。

这绝非危言耸听。

据《2022国民抑郁症蓝皮书》数据：

"中国精神卫生调查显示，我国成人抑郁障碍终生患病率为6.8%，目前我国患抑郁症人数9500万，每年大约有28万人自杀，其中40%患有抑郁症……"

蓝皮书调查数据还显示，"我国18岁以下抑郁症患者占总人数的30%，50%的抑郁症患者为在校学生，41%的患者曾因抑郁休学。青少年抑郁症已经成为我国一个重大的公共卫生问题……"

以上数据，让人触目惊心。

平均每100个成年人，就有6.8人终生摆脱不了抑郁障碍，有将近1亿人患抑郁症——这些数字意味着什么？为什么会有这么多人患抑郁症？他们的郁结为何没能撑大他们的胸怀？你现在还觉得委屈能撑大一个人的胸怀吗？

● **追求的不同决定胸怀的大小**

人可以忍受辛苦,却很难忍受侮辱。

在《三国演义》中,曹操在取得官渡之战胜利后,对曾经将自己祖宗三代都辱骂一遍的陈琳,不仅不杀,还给其封了官。曹操当真不恨陈琳吗?未必。那是不想杀、不能杀,还是不敢杀?都不是。假如换一个人处在曹操的位置,又会怎么处置他?

曹操对陈琳之所以想杀、能杀、敢杀却偏偏没杀反而让他做官,最主要的原因是其有胸怀天下之志——"夫英雄者,胸怀大志,腹有良谋,有包藏宇宙之机,吞吐天地之志者也。"

正如苏轼《留侯论》中的经典名句:"天下有大勇者,卒然临之而不惊,无故加之而不怒。此其所挟持者甚大,而其志甚远也。"

我们常说"忍辱负重",但其实,先负重才愿意忍辱,否则,便会"匹夫见辱,拔剑而起"。

有原则不乱,有计划不慌。

身处困境,胸怀又如何开阔?因为明天的希望能让我们看淡今天的痛苦;明天为什么会充满希望?因为在你心中有一个长远、清晰且有意义的追求!当然,这个追求并非越大越好,就像合适自己脚的鞋子才是最好的,只是追求本身一定要明确且具有可持续性。

假如我们能以未来的眼界和视野去看待今天的一切,就会发觉苦难真的不算个事。当你将心灵邀游到太空中再来回望地球时,瞬间就会觉得哪怕是生死都不过是过眼云烟,心中自然也就海阔天空——这便是"不畏浮云遮望眼,只缘身在最高层"。

当你以局中人的视角来看当下的困境,就会将许多小困难放大;若你以1年后、10年后的视野来回看今天,就能生发"生活就是修行、一切都是历练"的感慨。

笔者也曾经问一位年长的企业家朋友:人这一生,究竟是该轻装上阵,还是应当负重前行?答曰:那要看你此生的追求是什么。再问,复答:你志向的大小,决定了你愿意负重的多少。至于是否轻装,其实是一种心态:有些人天性刚毅乐观,即使负重依然可以举重若轻;而有些人即使只让他承担一点点,他也会叫苦不迭。

中国台湾绘本画家几米说:"不要在一件别扭的事上纠缠太久。纠缠久了,你会烦,会痛,会厌,会累,会神伤,会心碎。"

选择看重、看淡还是看破,也都只在个人的一念之间。

3 凡是你看不顺眼的都是需要你反思的

> 当你看到不可理解的现象感到迷惑时,真理可能已经披着面纱悄悄地站在你的面前。
>
> ——巴尔扎克

● 法理范围内,没有不能理解的人和事

"各美其美,美人之美;美美与共,天下大同。"

1990年12月,著名社会学家费孝通老先生在"人的研究在中国——个人的经历"主题演讲中,在谈到如何处理不同文化之间的关系时,说出了这句话。

每一个民族、每一种文化,都有自己创造出来的美。如果我们能像欣赏自己的美一样去尊重、理解和欣赏别人的美,然后将自己的美和他人的美有机结合,就能实现理想中的大同世界。

阳春白雪与下里巴人，就一定要"相看两生厌"吗？

笔者认为，只要在法律和道德的范畴中，便没有不能理解的人和事——无论那人是多么自私自利、尖酸刻薄。从这个意义上说，凡是你看不顺眼的，都是你需要反思的；所有你觉得不可理喻的人，也正是使你成长的人。

有人抬杠说："我就是要对不喜欢的人明确表达反感，有钱难买我乐意！"这违法了吗？并没有。所以，这类行为本身也在可理解的范围之内。只是，这样会给你增添许多无谓的烦恼，也会让自己平白树敌，于人于己又有何益？

在法治时代，经常标榜自己爱憎分明的人可能是条好汉，但也可能是个"直肠子"，更有可能是以一己好恶来判断是非的糊涂蛋！而当你心中憎恶的人越多，憎恶你的人也会越多——这便是心理学中的"投射效应"，所有的外在都是我们内心的投射和倒影。

康德曾说："我尊敬任何一个独立的灵魂，虽然有些我并不认可，但我可以尽可能地去理解。"

18世纪法国启蒙思想家、文学家、哲学家伏尔泰有一句名言："我不同意你说的每一个字，但我誓死捍卫你说话的权利。"

那么，真正地理解，到底应当是单向的还是双向的？

比如说，你深爱着一个人，但由于种种原因你们没能在一起。无论对方是富是贵、是老是丑，又或者你自己因为这样的爱是痛苦还是幸福，都改变不了你心中对那个人刻骨铭心的爱意。

由此，我们便可以得出另一个真相：我理解你，与你何干？

就像三毛写在文章里的一句话："你若盛开，清风自来。"但其实，"你若盛开，清风爱来不来"。

真正的理解为什么是单向的？你好我好大家好的双向理解它不香吗？当然香，但因为我们控制不了他人的行为，也不能根据他人的行为来决定我们的行为。正如《论语》指出的："君子务本，本立则道生。"我们唯一能控制的就是做好自己的本分，也唯有单向理解，才是不需要附加任何前提条件的理解。

这就又要说回"霍金斯意识能量级表"了。

人的能量场只有处在相近的维度或相同的环境时，才可能引发真正的相互理解。比如，无论是对手还是仇人，当一同面对近在眼前的死亡威胁时，瞬间就都能理解生命的可贵从而放下过往怨恨一致对外。而平时身处于不同维度、不同精神世界中的人是很难求同存异的。

若你在试图理解对方时，要求对方也必须同样理解你；又或者对方没有理解你，你便拒绝再理解对方，那你所谓的双向理解将如何进行？这种流于表面的理解对我们又有何助益？

哪怕对方嚣张地认为我们对他的理解是理所应当的，只要事件还在法律和道德的界线内，我们依然能够给予理解！因为，这类人便是前文中提到的"垃圾人""三季人"。

- **理解和接受是两回事，二者不可混为一谈**

理解的，不一定都认同；认同的，也不一定都要接受。

理解的是心情，认同的是立场，接受的则是做法。在司法实践中,有一个名词叫作"激情犯罪",这种犯罪行为是可以给予同情和理解的,但该判刑还是要判刑!两者绝无冲突,也不可混为一谈。

理解从来不代表接受,包容也不意味着纵容!伏尔泰的那句名言,反过来说其实也一样成立:"我誓死捍卫你说话的权利,但恕我依然不能接受你说的每一个字。"

再比如,你在一辆拥挤的公交车上被一只"咸猪手"骚扰,转头一看却并无异常,你以为之前的碰撞只是一次意外因而大度地表示理解,但随后又发生了第二次,这时候你还要继续理解吗?

不,不,对已经越过法理界线的侵权行为,是可忍,孰不可忍,甚至要"零容忍"。

这当然不是教你遇到挑衅就要冲上去打架——如果你打不过对方,受伤的是你自己;如果你打得过,甚至还打伤了对方,有理也会变成没理。触犯法律之人自有法律惩戒。而笔者最早对于"理解不等于接受"这句话有所感悟,还是因为20多年前在南京金陵石化塑料厂做门卫时的一次经历。

当时,绝大多数机动车都不像现在自带消防设施,工厂的保卫科明文规定:每一辆进入厂区的外部车辆都必须先停靠在门口安装防火器,做好登记,否则门卫有权不予放行。

这个安全制度当然要严格执行,若违反,车辆和门卫都会受罚。但有时候,同一辆车一天进出厂好几次,高峰时期门卫处的防火器甚至不够用。这让一些老司机难免嫌烦,继而心生怨怼。于是笔者的一位同事就善意地开解他们:"我们非常能理解你们的心情，这个规定确实给你们带来了不便。"

闻听此言，原本要向外走的老司机忽然又转过身，高高扬起手中的灭火器反问道："你们理解？你们的理解管用吗？这个破东西可以不装吗？"

对不起，不可以。

● **一件事的真相只有一个，但道理却有很多个**

有时候，别人的行为并没有直接侵犯我们的利益，但还是有可能令我们愤愤不平。

大家是否听过或经历过这样的情景：

你在微信上给一个朋友发信息请他帮忙，结果没等到他的回复，却看到他更新了朋友圈。

笔者曾就这个问题在课堂上提问学员，结果全班100多人大部分人竟然都表示遇到过这种情况。当我问大家的处理方式时，五花八门的回答让我的后背都有些发凉：有说直接删除微信的，有说果断拉进黑名单的，有说要打电话去质问的，有说一件事情看清一个人很划算的，还有说这种朋友一定要绝交的……一时间群情激愤。

能因对方不回微信就绝交，可见他们之间的感情有多脆弱。即使没有"微信不回却发朋友圈"这档事，缺乏信任的双方闹掰也是早晚的事。

那么，什么叫"一件事情的真相只有一个，但道理却有很多个"？

朋友帮忙是情分，没帮忙是本分。换言之，别人回你信息是对的，不回也是对的；先回你信息再发朋友圈没问题，先发朋友圈再回你信息也没问题；答应帮你正常，拒绝帮你也正常——至于为什么没先回复你却先发朋友圈，可能是没想好，也可能是一时遗忘……但无论哪种原因，对方都是有道理的，如果你因此便将其删除、拉黑甚至与其绝交，反倒说明心胸狭隘的不是别人，恰恰是你自己。

有时候，已读未回本身就是一种回复，无言的沉默已经表明了态度！甚至在有些问题上，以沉默回应虽然无奈却也最适合，同时又不伤和气。

细细想来，只要事情没超过法理的界线，又有什么样的人与事值得我们难以释怀？一如杨绛先生所说："人生有两种境界，一种痛而不言，一种笑而不语。"

痛而不言是成熟，笑而不语是风度。

4 完美是美，残缺也是别样的美

> 世界上的事情，最忌讳的就是十全十美，你看那天上的月亮，一旦圆满了，马上就会亏厌；树上的果子，一旦熟透了，马上就要坠落。
>
> ——莫言

● **人应以追求卓越之心力求完美**

追求卓越者强，臻于至善者胜。

从20世纪80年代的"中国制造"，到2003年奚振军首次提出"中国创造"，再到今天人工智能、大数据、云计算、5G等高新技术在各个领域中的应用，国家一次次实现了由制造业到创造业的华丽转身，这一系列现代化成就足以令世界瞩目，亦让国人自豪。

这些成就无疑是国人精益求精的技术创新＋追求卓越的精神展现！国家追求卓越，则国必能赢得世界之尊敬；民族追求卓越，则华夏民族必屹立于世界先进民族之林；企业追求卓越，则民族品牌必将在各行业中引领世界；个人追求卓越，则个人必能脱胎换骨，迎来新生。

任何人、任何岗位都能够以追求卓越之心去成就完美——哪怕你只是一名普通的清洁工、洗碗工，只要你每天都将地板清洗得一尘不染、餐具洗得干干净净，这也是一种卓越。

白岩松曾在一次演讲中说："毁掉一个人最好的方式，就是让他追求完美和达到极致。"

但其实，我们在引用这句话时应加以甄别，以免误用。笔者相信，白岩松想表达的其实是：假如人因过度吹毛求疵而陷入完美主义陷阱，将得不偿失。就像一个人在每件事上都想拿100分，又或者过于执着于眼前这100分，却忽略了其他更重要的事情。而这类人，大多数患有不同程度的强迫症。

人生路上，我们既要坚持对自己精益求精，也应注意对外界审时度势，两者不存在对立关系，而是相辅相成的。

那么，客观上讲，这个世界上存在绝对意义上完美无缺的人、事或物吗？

就像在象棋中没有一个无用的废子，在《新华字典》中也没有一个用不到的废字。既然"完美"这两个字能被创造出来，那就说明一定有能体现完美的事物存在。

我们常听到："XX出品，必属精品。"但任何精品都有其寿命，也因此，完美并不是一个固定的名词，而是处于不断变化中的形容词。换言之，完美与极致都是相对而言的！一如我们永远都不知道数学中最大的那个数字到底是多少，那已是宇宙的终极奥秘。

● **不完美，亦很美**

"人力有时尽，世间无万全。"

在电视剧《神探狄仁杰前传》中，有一句笔者特别喜欢的台词："苍天存千古，多少兴亡事，任你将人事做绝，总有不可企及之处；万物正，己自强，那，便是天理。"

正如前文所说，"一个事事都想拿100分的人，是掉入了完美主义陷阱"，这样的"完美心理"非但不会给人带来成就感，反而会让人生出许多不必要的痛苦，这便是佛家所说的"我执"。

假设一个人在一场车祸中不幸失去了一条腿，那他今后的人生要怎么办？一直自怨自艾吗？身有缺陷已是一种不幸，还要搭上那依然有望的珍贵余生吗？

卡耐基曾在《人性的弱点》一书中写道："接受既成事实，是克服随之而来的任何不幸的第一步。"

国学泰斗季羡林也说："每个人都争取一个完满的人生。然而，自古及今，海内海外，一个百分之百完满的人生是没有的。"

从美学的角度来看，残缺美也是美，还是一种别样的美。

这当然不是教你放任"缺陷"的存在，而是说我们竭尽所能去做到最好，但当力有不逮时也要适时放下，切忌犹豫不决，这便是"因上努力，果上随缘"。

花开花谢，月圆月缺，物极必反，盛极则衰。

陶醉在完美的喜悦中沾沾自喜，与沉浸在有缺陷的痛苦中不能自拔一样充满危险！也正如《三国演义》中李恢说服马超的经典对话："越之西子，善毁者不能闭其美；齐之无盐，善美者不能掩其丑；日中则昃，月满则亏，此天下之常理也。"

不完美的人生才是更真实、自然的人生。法国哲学家罗西法古认为："如果你要得到仇人，就表现得比你的朋友优越；如果你要得到朋友，就让你的朋友表现得比你优越。"关于何时需要以自嘲的方式来保护自己，我们在下一章"有趣篇"中详述。

有缺陷才能让人有所思，有所思则终能有所悟，有所悟则必会有所得。

不完美，真的也很美。

5 让你有度量,没让你做老好人

> 良心是我们每个人心头的岗哨,它在那里值勤站岗,监视着我们别做出违法的事情来。它是安插在自我中心堡垒中的暗探。
>
> ——萨默塞特·毛姆

● **不愿解释的人,只会伤人更深**

"流丸止于瓯臾,流言止于智者。"

尽管儒学集大成者荀子的这两句话为人所熟知,但在今天这样的网络时代,流丸依旧可以止于瓯臾,流言却未必还能止于智者。

中国今天的网民数量已超10亿,在互联网+自媒体等超级放大镜的加持下,谣言一旦传开就会漫天飞起,指望谣言止于智者的想法本身就是不智的。

谣言,只会止于当事人第一时间的澄清、沟通,或者官方通报，而非所谓的智者。

这是因为，永远都有一大批不明真相、看热闹不嫌事大的"吃瓜群众"传遍谣言。他们不明真相也就罢了，偏偏还都认为自己是手握真相与真理的"福尔摩斯"；而每一个以讹传讹的谣言，对他人而言不过是一次茶余饭后的消遣谈资，对当事人却造成了难以想象的伤害。

几年前，有段时间"不解释"这三个字特别流行。

当时笔者还在上班，身边一群同事有事没事就喜欢将"不解释"三个字挂在嘴边，别人稍有疑问就丢出一句"不解释"，然后转身留给对方一个华丽的背影。

事实上，不解释不是一种智慧，而是一种高傲、无知，有时甚至是掩盖无知的一种矫情。

人与人的关系也经不起"不解释"，曾经坚不可摧的信任、不可磨灭的真情最终不可挽回，很大程度上是因为在误会产生的最初阶段没能重视、没有解释。

让一份感情过期、变质的最好方式，便是有分歧时一方不主动解释，另一方也不愿意听对方的解释。在这个时代，最不缺的就是诱惑，最善变的就是人心，等到有一天裂痕难复，你再想去解释和挽回，已经没有机会了。

中国台湾节目主持人蔡康永说过："你让一件事过去三次，你就再也没有兴趣去追究它了，等憋在心里的气慢慢消了，两个人之间的裂痕也就产生了。"

● 中华民族的传统美德需要人人守护

"无事不惹事,有事别怕事。"

都市浮躁喧嚣,网络乌烟瘴气,对一个普通人来说随波逐流是最容易的,能够明哲保身已是不易,而最为难能可贵的,莫过于敢为正义发声,能够"路见不平一声吼"。

为什么今天很多人"路见不平"时都低头绕过?是国人的古道热肠、正义之心已消弭,还是说老祖宗留下的传统美德已然过时?

华夏文明自诞生以来的数千年间,无数先贤的优良品质汇聚成包括仁爱孝悌、谦和好礼、诚信知报等在内的十大传统美德,这是在历史长河中代代传承、深刻在整个文明骨髓中的价值操守,又怎会过时?换言之,中华民族正是因为有这些文化基因,才成就了全世界唯一一个文明从未断层的伟大国家。

国家如此伟大,国人又岂有不伟大之理?

"为众人抱薪者,不可使其冻毙于风雪;为正义开路者,不可使其困顿于荆棘。"

也因此,在力所能及的范围内勇敢且理性地坚持为正义发声,便是在守护我们的传统美德与价值理念,也是每一个中华儿女义不容辞的责任和担当。

40多年前,德国牧师马丁·尼莫拉写下一首警醒世人的忏悔词——《我没有说话》,他深切认识到:"在这个世界上,人与人的命运往往是休戚与共的。倘若不坚持真理,不伸张正义,不维护公平,在邪恶面前都只顾自身利益,对他人被冤屈、被欺凌、被迫害也漠然置之,最终受到惩罚的将是我们自己。"

今天，笔者也愿以个人微薄之力写下六句感悟——《我选择》，谨与志同道合的读者朋友分享：

我选择

我知道奋斗有苦，但我选择精进不断；
我知道生活有难，但我选择乐天不忧。
我知道诱惑有毒，但我选择初心不忘；
我知道人性有恶，但我选择善良不改。
我知道人生有险，但我选择矢志不渝；
我知道人情冷漠，但我选择热情不熄。

第七章 "育胸襟"小结 | 精要回顾

◇并非所有与你三观、看法不同的人都属于"垃圾人"或"三季人",一言不合就给对方贴上此类标签,反而证明了你骨子里的傲慢与肤浅。

◇凡是你看不顺眼的,都是你需要反思的;所有你觉得不可理喻的人,也正是使你成长的人。

◇唯有单向理解,才是不需要附加任何前提条件的理解。

◇人生路上,我们既要坚持对自己精益求精,也应注意对外界审时度势。

◇不解释不是一种智慧,而是一种高傲、无知,有时甚至是掩盖无知的一种矫情。

◇在力所能及的范围内勇敢且理性地坚持为正义发声,便是在守护我们的传统美德与价值理念,也是每一个中华儿女义不容辞的责任和担当。

第八章
CHAPTER 8

有趣｜葆童真

人格魅力必备让人愉悦的活力

1 有趣是社交的万能钥匙

> 美丽的灵魂可以赋予一个并不好看的身躯以美感，正如丑恶的灵魂会在一个非常漂亮的身躯上，打下某种特殊的、不由得使人厌恶的烙印一样。
>
> ——戈特霍尔德·莱辛

"好看的皮囊千篇一律，有趣的灵魂万里挑一。"

英国艺术家奥斯卡·王尔德一定不会想到，他在小说《道林格雷的画像》中的这句话，会在百余年后的东方大国被奉为经典。

跟一个有趣的人在一起，单是想想都会让人心生愉悦。

若是每天与我们共事的都是刻板无趣、精神匮乏的人，那生活得何等乏味。

一个有趣的灵魂，足以打破欣赏一个人"始于颜值"的魔咒！

在某种程度上，所谓"欣赏一个人，始于颜值，合于性格，久于善良，终于人品"也是一句"毒鸡汤"——这句话看似是说人品重要，然而单单要始于颜值这个前提条件已是极大的误导。事实上，爱慕一个人确实有可能始于容颜，但对人的欣赏却不是！

一开始就是被有趣灵魂所吸引的欣赏，往往都能经得起岁月的洗礼与考验。

中国当代作家贾平凹曾说："人可以无知，但不可以无趣。"另一位作家王小波也认为："一辈子很长，要找个有趣的人在一起。"

但是，有趣绝不等同于会说几个笑话、会讲几句土味情话，那充其量是有趣的最表层，有时甚至可能会弄巧成拙，变成哗众取宠。

真正的有趣，要能对生活的本质有深刻的理解，去虚荣、戒骄满、葆童真，这样才能将风趣融进生活中的不同场合！而这样兼具智慧的风趣，往往又蕴含了机变、包容、胸怀、爱等品质——这就需要我们有一定的定力，做到"八风不动、宠辱不惊"。

2 永葆童心才能感受生活的乐趣

> 夫童心者,绝假纯真,最初一念之本心也。若失却童心,便失却真心;失却真心,便失却真人;人而非真,全不复有初矣。
>
> ——李贽

● **童真是让人轻松愉悦的本源**

童心就是初心,童真就是本真。

导演谢晋曾说:"为什么艺术家要有一颗童心?所谓童心,也就是一颗赤诚的心。这才是一个人真正的可贵之处。"

现代社会竞争激烈,人们整日为生活东奔西走,就连微笑都变成一种生存工具——在这样的重压下,少有人能静下心来思考自己是否快乐、快乐的源头在哪里、自己的赤诚之心还在不在……

"心随朗月高,志与秋霜洁。"

不知道从什么时候起,我们把快乐与童真都给弄丢了。

网上有一段以"等我有钱了"开头的话引起无数网友的共鸣，读来让人既感动又心酸。

等我有钱了，把账还完了，没有压力了，熬过这段时间，我就笑，笑它个三天三夜……

越是在外部压力大时，人的内在就越要放轻松，这时童真的可贵之处便显现出来——从某种意义上说，渡边淳一所说的"钝感力"，也必须以童真为支撑方能持久。

不知道大家有没有注意到一种现象：童歌几乎都是愉悦的、积极的，只有成人歌曲才会包含百转千回的爱恨情仇。

● **让成年人重拾童真的两大法宝**
（1）仰望星空，走进大自然
要有世界观，先要观世界。

想想看，你有多少好奇心、求知欲是在仰望星空时被激发出来的？你有多少感悟、灵感是身处大自然时不经意间获取的？又有多少给你带来重大影响、改变的种子，是在你某一次的远途旅行中悄然种下的？

哈佛大学第一位女校长德鲁·福斯特在《我们为什么一定要走出去看这个世界》的主题演讲中说："每年要去一个陌生的地方，这是我对自己的一个要求，也是从小就有的习惯，直至今日，以学习的方式旅行已成为一种传统，我每年都会带孩子们去一个陌生的地方……"

凡走出，必有所获。

城市和自然的不同之处就在于：城里的一切几乎都是人工合成的，缺少原始的本真，人们每天都不得不戴上各种面具生活；而远离都市喧嚣的大自然，有着神奇的疗愈能力，不仅可以陶冶人的情操，更能拓宽人的视野。

想象一下：雨后初晴之时，登高台而远望青山绿水，体会"我见青山多妩媚，料青山见我应如是"的心旷神怡。

仰望星空，永葆敬畏心；亲近自然，激活求知欲。

人类就是这样，在熟悉的环境中待久了就容易骄满，只有当真正见识到"山外有山、人外有人"，那颗躁动的心灵才愿意重回本真。

（2）放低自己，向小朋友学习

每一个小朋友都是落入凡间的精灵，他们灵动的目光、纯净的心灵，许多时候都如一面镜子在反照我们的躁动、混浊。可以说，在某些时候，小孩子才是我们的老师！

2018年4月，笔者应三根教育史美龄老师邀请，给她一个亲子班的同学们做《00后的高'笑'自我管理》主题分享。笔者到达现场后，才发现家长就坐在孩子们的后排。在互动过程中，每一个小朋友都很勇敢、很积极，即使有点紧张也会在掌声的鼓励下克服恐惧走到台上，听着他们奶声奶气的发言简直就是一种享受。

结束后，美龄老师夸笔者"很真诚、很厉害"，但笔者认为是孩子们的质朴和热情点燃了自己的童心，是他们让笔者由一个讲师，变成一个向一群小朋友分享的"大朋友"。

3 短视频给人快感，也毁人快乐

> 生活中有两个悲剧，一个是你的欲望得不到满足，另一个则是你的欲望得到了满足。
>
> ——萧伯纳

● **抖音、快手等短视频平台的积极意义**

"抖音五分钟，人间两小时。"

这是笔者的一位朋友对抖音的评价，话里话外她都在传递这样一种矛盾的想法——"我真讨厌抖音，但又离不开它"。

这就有意思了，一个人居然会离不开自己不喜欢的事物。但其实，和这位朋友有类似感受的人绝非少数。

美国心理学家马丁·塞利格曼在《真实的快乐》一书中指出，快乐由三个要素构成——享乐（引人开怀的生活经验）、参与（对家庭、工作、嗜好的投入程度）、意义（发挥个人长处，达到比我们个人更大的目标）。

那么，抖音到底给人们带来了什么？我们会因为它的存在而拥有更多的快乐与满足感吗？

相关网络数据显示：

截至2022年，抖音注册用户数高达8.09亿，国内月活跃用户达到7.86亿，日活跃用户达到4.5亿，人均单日使用时长超过2小时。其中，18~24岁的用户占比最高，达到了41.6%。

信息时代，以抖音、快手等为代表的短视频平台其实是应时代而生的。换言之，是需求决定了供给。从某种程度上来说，现在已进入短视频时代。要知道，每天都有数以亿计的各种短视频被上传！这也意味着，即便哪天没有了抖音，也必然会出现其他类似平台。

从经济学的角度看，如此海量的用户、流量所带来的商业价值是不可估量的；从社会学的角度来说，抖音丰富了人们的娱乐生活，不仅让人们动动手指便能得到想学的知识，还能让人们足不出户便可以看到外面多彩的世界。

更重要的是，作为国民化社交平台的代表之一，抖音等平台的直播功能满足了人性中"每个人都是自己舞台的表演者"这一重大诉求，从而让求名者得其名、求利者得其利……

这么一看，抖音简直就是人们的福音。

既然如此，为什么本节标题却是"短视频给人快感，也毁人快乐"呢？那是因为"快感"并不等于"快乐"。

● **快感不等于快乐，低级趣味也不是真正的快乐**

如果你是作为某类短视频主播或商家用户入驻抖音等平台，则每天都可以利用该平台进行直播卖货，卖完货就能收钱、收完钱还可以规划未来赚更多钱……这就是说，是抖音帮你实现了赚钱的梦想，你的心中能不喜欢吗？能不生起满足感吗？

所以，抖音的确实实在在地提升了这部分（职业）玩家的幸福指数。

但如果你只是一个想通过刷视频寻乐解闷、打发时间的普通用户，那就完全是另一回事了！

作为短视频平台的构建技术，人工智能和大数据算法对人性的了解远超你的想象，可以说比你自己还要了解你自己！它们只需沿着你的搜索记录和浏览足迹，便能轻易分析、锁定你的喜好，并让你不断看到自己"喜欢"的各种画面，让你"根本停不下来"。——这便是著名学者尼尔·波兹曼在《娱乐至死》一书中所指出的："毁掉我们的从来不是我们所憎恨的东西，而恰恰是我们所热爱的东西。"

当然，也有人真的在用抖音等短视频平台学习知识与技能，但这样的人实在少之又少。

人若随欲而行，犹如蔓延野火。当你不得不从虚幻的短视频海洋退出、重回现实世界，之前所有的快感瞬间便会消失殆尽，随之而来的就是更大的空虚、无力，甚至是负罪感。这是因为：你并非以短视频为生的职业玩家，却因它虚度了太多时间，错过了许多原本该做且更有意义的事情——这正是网瘾的可怕之处：你并非不知其害，只是无力挣脱。

这也是有人急呼"无限泛滥的人工短视频就是麻痹人们神经的又一种精神鸦片,正在摧毁吞噬着我们的年轻一代"的原因所在。

一定程度上,笔者认同这一观点,但是,技术无罪。哪怕是人类制造的大规模杀伤性武器——导弹,若用于防御便是正义,用于侵略才是有罪。短视频平台是有益还是有害,全看个人怎么使用,抖音算法也只是充分利用了人性的弱点,而选择权依然掌握在每个人手中。可以这样说,在纯粹的技术面前,人性是唯一的原罪。

那么,何谓快感?欲望被满足时所产生的感觉就是快感。何谓快乐?目标实现时所带来的精神上、心灵上的满足就是快乐!它们的表现形式有相似之处,更有本质的区别(见表8-1)。

表8-1 快感与快乐的异同

序号	特征/释义	快感	快乐
1	外在呈现	激动、亢奋	喜悦、愉快
2	引发原因	感官刺激	目标达成
3	释放层级	感官层	精神层
4	持续时间	短暂	相对长久
5	副作用	空虚、烦躁、懊悔、自责	无

很多网友开玩笑说:"天将降大任于斯人也,必先夺其手机、断其WiFi、收其电脑、剪其网线、卸其QQ、封其微博,使其百无聊赖,然后静坐、思过、读书、明智、开悟,而后涅

槃重生……"

这个方法管用吗？当然管用。

但前提是，你一定要先深刻认识到，"网络世界里绝大多数令你不能自拔的都是毒药"这一真相！否则，强行戒网瘾只会迎来更大的反噬。如果是家长对孩子采取上述方式，很可能还会在孩子内心埋下怨恨与反抗的种子。

对成年人来说，除非他自己下定决心要战胜自我、摆脱低级趣味，并为人生确立长远追求，否则其精神世界还将在快感的腐蚀下一直沉沦。

● **丰盈自己的内心，才有真正的快乐**

"君子生非异也，善假于物也。"

善于运用一切可用的条件去转移注意力，是摆脱网瘾的方法之一。

《道德经》有言："圣者随时而行，贤者应事而变，智者无为而治，达者顺天而生。"

尽管我们一再强调"内因才是根本，外因只是影响"，但是，外因的影响同样不可小觑！否则，2000多年前的孟母也不会为了儿子三次搬家了。

一个朋友曾问笔者用不用抖音，笔者的回答是："用过，又卸了，而且是卸了又装、装了再卸的那种。"——它的诱惑之大让我感到了恐惧。只不过，卸载抖音对笔者来说也是把"双刃剑"，因为如果不那么做，那笔者这三本书累计数十万的文字是铁定写不出来的！但也因此失去了利用抖音等平台提升知名度的机会,其实是有得有失。

每个人的追求、使命与活法都不一样,但有一点却是相同的,即唯有不断提升自我、丰富内心、开阔视野,我们才可能获得真正意义上的可持续的快乐。

曾经,一位前辈向笔者分享了不同人"外在成就与内在快乐的关系",笔者深以为然(见图8-1)。

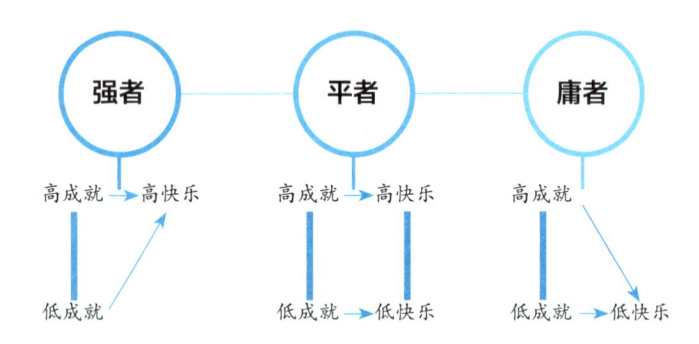

图8-1 不同人"外在成就与内在快乐的关系"

4 知识底蕴决定你的语言魅力

> 缺乏智慧的灵魂是僵死的灵魂，若以学问来加以充实，它就能恢复生气，犹如雨水浇灌荒芜的土地一样。
>
> ——伊斯巴哈尼

● 知识储备丰富方能游刃有余

有一个成语叫理屈词穷，意思是因为理亏而无言以对。然而，理直就一定会气壮、理屈就一定会词穷吗？答案当然是否定的。

我们在电视上经常会看到律师为罪行累累的犯人辩护的情景，那些律师可从来没有词穷过。

这就不得不说到"辩才"二字了。

辩才不等于诡辩，辩论家和诡辩家也不一样。所谓诡辩家，是你明知道对方讲的是歪理，但在对方巧舌如簧的辩解之下却难以找到合适的语言反驳；辩论家则不然，他们仍以事实为依据，善抓重点、引经据典、妙语连珠，就如同正义的天使化身一般。可以说，每一位优秀的公诉人、律师都是辩论专家，有时还会是演说家！

一言可兴邦，一言亦可丧邦。

出众的辩才不仅能令你在商务谈判、人际交往中游刃有余，在某些特定情况下，一场辩论或演说还可能会决定一国的兴亡，甚至能改变整段历史的走向！

春秋时期墨子听闻楚国即将进攻宋国，便徒步疾行十日十夜抵达楚国都城，最终说服楚惠王和大发明家鲁班，使宋国免遭涂炭。

那么，今天的我们又该如何做呢？

阅读可以养气，气盈则神清，神清则心明，心明而智慧生。

在竞争愈加激烈的今天，年轻人若能以阅读去提升口才和语言魅力，对自己的将来必然是大有助益。

联合国教科文组织的一项调查显示：

全世界每年阅读书籍数量排名第一的是犹太人，平均每人一年读书64本；欧美国家年人均阅读量约为16本，北欧国家年人均阅读量达到24本，韩国年人均阅读量约为11本，法国年人均阅读量约为8.4本，日本年人均阅读量约为8.5本。而我国14亿人口，扣除教科书，平均每人一年读书1本都不到。

尽管有人曾质疑上述数据，但我国国民人均阅读量偏低却是不争的事实。

然而，即便是在这个喧嚣浮躁的时代，读书、听书仍是许多成功人士的日常习惯。这是因为，阅读是累积系统性知识的最快方式，也是利用碎片化时间自我充电的最有效途径。扎实的知识储备能在潜移默化间能改变一个人的内涵和气质，这便如苏东坡的千古名句"腹有诗书气自华"。

再来看以下场景：

傍晚时分，天上绚丽的晚霞将西面的江水和天空映成一片，有一只大雁正张开双翅飞向远方。一个饱读诗书的人见此景象，一定会惊叹，原来这就叫"落霞与孤鹜齐飞，秋水共长天一色"。若是换一个胸无点墨的人看到了，就只能在惊讶中大叫一声："好大的一只鸟飞起来了！"

在生活中也是一样，会说话的人总能在公众场合先一步引领话题、占据先机，不会说话的人就只能跟在别人后面亦步亦趋，有时被人套路了也浑然不知。

"读书，是世界上门槛最低的高贵举动。"

就像电脑处理不了数据就会死机，人脑处理不了问题也会崩溃。其实，只需少刷几条短视频、少看几部肥皂剧，每天多读几页好书，便能给我们的人生再添一份光彩、多增一份从容！也正如当代作家余秋雨的那句话："阅读的最大理由是想摆脱平庸，早一天就多一份人生的精彩；迟一天就多一天平庸的困扰。"

融会贯通，才能处变不惊；肚中有货，方能从容不迫。

如是，何乐而不为？

● **强大的思考力，带动学以致用的转换力**

孟子曾说："尽信书，则不如无书。"

老一辈革命家陈云同志也有一句名言："不唯上、不唯书、只唯实。"

但为什么有些人明明听过很多道理，就是过不好这一生？就如纸上谈兵的赵括、马谡之辈，每每论及军事总能头头是道，但真到战场却又误国误身。是因为他们听的道理、读的兵书都无用吗？

显然不是。

道理若无用，也就不会被人称作道理；兵书若无用，又岂会成就那么多名将良才？

实际上，知识、道理都需要在现实中加以应用才能具备价值，而在这个过程中，我们自身对知识的驾驭、对每个道理的融会贯通则是关键！就像人们常说"知识就是财富"，果真如此吗？能将有用的知识变现，知识才等于财富；知识就是力量吗？通过学到的知识将问题解决，知识才是力量。知识可以改变命运吗？以知识去武装个人的核心竞争力，知识自然可以改变命运。

怎样正确驾驭知识的力量？又如何将听到的道理融会贯通？

我们首先要认识到的一点是：

随着科技的进步，曾经的某些知识确实是会"超出保质期"的。这时要想验证、确认某个知识或道理在现实中的有效性，就得用实践检验。

一切最终都还需自己去思考领悟。

唯有像将原油炼化成石油那样"炼化知识",才算是真正将之收归己用。

对一个成年人来说,如何更好地将知识转化为生产力呢?笔者总结了几句话,谨作为这一章节的结尾:

读有用书,说暖心话,交良师友;
惜有缘人,行四方路,得自在心。

5 自嘲是应对尴尬的良药

> 好的幽默并不只是让你笑,还让你哭呢!哭多了眼泪就会跌价,于是乎泪尽则喜,嬉笑之中仍然可以看到作者那庄严赤诚的灵魂。
>
> ——王蒙

● **高情商的人遇事都会来点幽默**

"君子坦荡荡,小人长戚戚。"

一个光明磊落的人,遇事时不会责怪他人,被人责怪时也不屑与之争辩;一个情商较高的人,对于他人的揶揄不会太较真,因为他们知道一旦较真自己就输了,因此往往会用幽默化解,这就是了解人性后的豁达、睿智与成熟。

是的,幽默感要以一定的胸怀和情商做支撑,或者也可以这样认为:幽默本身就是情商、胸襟的一种表现形式。

所谓情商,并非什么深不可测的时髦词汇,在管理学上被称之为"情绪胜任力",也就是个体表达和释放内心情感的能力。

以柔克刚者强,以巧制蛮者胜。

有时候,我们不得不面对自己并不擅长的复杂社交场合,而越是这类场合,越容易遇到某些不怀好意者的言语冒犯。那怎么办?"忍一时越想越气,撕一顿两败俱伤",显然"忍"和"撕"都不是最优选择。这时候若能以幽默让对方的攻击像打在了一团棉花上,通过"四两拨千斤"的方式去化解,无疑是最佳选项。

多年前,有外国记者不怀好意地问周恩来总理:"在中国,明明是人走的路,为什么要叫'马路'呢?"对此,周总理不慌不忙地回应道:"我们走的是马克思主义道路,简称'马路'。"

又一次,美国访华代表团的一名官员问周总理:"为什么你们中国人总喜欢低着头走路,而我们美国人却总是抬着头走路?"此话一出,语惊四座。但周总理面带微笑地说:"这并不奇怪。因为我们中国人喜欢走上坡路,而你们美国人喜欢走下坡路。"

需要强调的是,高情商的人,并不会去刻意讨好他人或者容忍欺负,而是即便身处混乱的环境,也能保持清醒,继而以幽默将之轻松化解。笔者在授课过程中也遇到过诸如教室断电、学员挑刺等意外情况,每到此时,一个幽默便能胜过千言万语。

伤人者人恒伤之，辱人者亦将自取其辱。

一个喜欢把虚荣心和成就感建立在贬低别人基础上的人，何来情商可言？又岂有不翻车之理？

曾有学员问笔者：一个人想要培养幽默感有什么技巧？笔者个人的五点建议如下：

- 品格正直，不随意诋毁、攻讦他人；
- 心胸豁达，不对他人的冷嘲热讽心生怨恨；
- 开得起无伤大雅的玩笑，不轻易给人摆脸色；
- 精神世界富足，有一定的修养；
- 永葆童真。

● **勇于自嘲，让尴尬瞬间消失**

网上流行着一句话——"只要你不尴尬，尴尬的就是别人。"

从某种意义上来说，"钝感力"依靠的正是这种"厚脸皮"的特质，这当然不是教你自欺欺人，两者有云泥之别。

窘境是真实存在的，但尴尬与否也只是一种选择。再进一步说，一些人对我们身处窘境时的嘲笑与恶意也是真实存在的，但那又有什么关系呢？对于因窘境而引发的嘲笑，无论你的反应是羞愧、恼怒还是从容自若，都只是你做出的一项选择，绝不是必然的因果。

钱锺书有一句至理名言："真正的幽默是能反躬自笑的，它不但对于人生是幽默的看法，它对于幽默本身也是幽默的看法。"

从本质上讲，自嘲也是一种幽默，但自嘲比之幽默无疑又有着更高的人生境界！

假如某个场景要靠自嘲才能化解，那形势一定是到了尴尬不已的时刻，并且，你自嘲的那个点无论曾经让你多么痛苦，你现在一定已经释怀！要知道，你越是不在意什么，别人也就越无法用其去伤害你，这就像印度诗人泰戈尔在《园丁集》中所说的："我把我的痛苦说得轻松、可笑，是因为怕你会这样做；我粗暴对待我的痛苦，这样你便不会发现我的弱点。"

自嘲是直面问题的超然，体现的是看淡荣辱的豁达。

尽管如此，我们在按下自嘲按钮之前还需注意的是：虽然自嘲是有效化解尴尬的良药，但良药也要慎服，亦不可多服，如果你因为自嘲有用便想以此去逗众人开心，那叫没心没肺，甚至有可能引发更多人的误解和攻讦！

自嘲绝不是让你假装谦虚，假装谦虚等于实际虚伪；自嘲也不是刻意自我批评，那有炫耀之嫌，还会不小心误伤他人；勇于自嘲更不是随意妄自菲薄，那真的会让自己都看不上自己。

▶ 第八章 "葆童真" 小结｜精要回顾

◇ 真正的有趣，要能对生活的本质有深刻的理解，去虚荣、戒骄满、葆童真，这样才能将风趣融进生活中的不同场合。

◇ 何谓快感？欲望被满足时所产生的感觉就是快感；何谓快乐？目标实现时所带来的精神上、心灵上的满足就是快乐。

◇ 唯有不断提升自我、丰富内心、开拓视野，我们才可能获得真正意义上的可持续的快乐！

◇ 阅读可以养气，气盈则神清，神清则心明，心明而智慧生。

◇ 虽然自嘲是有效化解尴尬的良药，但良药也要慎服，亦不可多服。

第九章
CHAPTER 9

有心 | 悟人生
人格魅力必明活出真我的自在

1 活出真性情,人生从此不同

> 我们和朋友在一起,可以脱掉衣服,但上阵要穿甲。
>
> ——鲁迅

● 永远不要模仿任何人

在自然界中,有一种很漂亮、并被国家列为一级保护的动物,那就是麋鹿。它还有另一个你更熟悉的名字:四不像。麋鹿的四不像是天生的,有特色的。在人生旅途中,我们也一定要活出自己的特色,不用模仿任何人。

"见贤思齐,见不贤而内自省。"

我们可以向每个人学习,但绝对没有必要去刻意模仿他人,也不建议盲目崇拜一个人——哪怕你正站在权威的领导和导师面前,也只需以必要的尊重、敬爱对待即可,盲目崇拜则大可不必!否则在未来的某一时刻,可能会影响你的判断。

一个人若总活在别人的世界里,便不会有真正意义上的心灵自由！这是因为：一直崇拜他人的人其实活在偶像的阴影之中，一旦偶像的泡沫破裂，其精神世界的支柱也容易跟着倒塌。

● 每个人都是一道独一无二的风景

不必羡慕他人，自己亦是风景。

清代诗人顾嗣协曾在《杂兴》一诗中写道："骏马能历险，犁田不如牛。坚车能载重，渡河不如舟。"

一个人应该有信仰吗？应该，但最坚固的信仰首先是使命感，其次就是信自己！一个人喜欢偶像有错吗？没有，但喜欢不等于迷恋！不等于偶像的所作所为都是对的。

事实上，以他人为偶像其实是一种对优秀者某种能力或品质的对标！也就是说，今天向偶像看齐，明天赶上偶像，后天才有可能让自己也成为后来者的偶像，这才是正确的"追星模式"，也是对"见贤思齐"这句成语的最好诠释。

在活出真性情的路上，免不了会遭人非议，被人说张扬，但其实，成长就会出丑，出丑也是成长！人生贵在俯仰无愧天地，但求行事于法不违、于理不悖、于情无碍，对他人的褒贬之词又何须理会？比如，你为自己置办了一身新衣服，会有人说好看，也会有人觉得丑，然而又有什么关系呢？对你并不会有任何影响。

正如当代作家余华指出的："世界上没有一条道路是重复的，也没有一个人生是可以代替的。"

每个人的康庄大道，都是自己边走边踩而成就的，只要心向光明，早晚会到达理想的彼岸。

生命如花，理应绽放。这与"低调做人、高调做事"的理念并不矛盾，绽放自己也不意味着事事都要抢别人风头。比如，当你的身份是伴娘，在妆容、言行等方面当然不能比新娘还出挑，不喧宾夺主是尊重他人的基本修养。但假如新郎新娘要你临场表演一个才艺为婚礼助兴呢？你当然不能扭扭捏捏推说不会，而应落落大方欣然应允。

实际上，内心芳华"绽放"，不仅能赢得他人的瞩目与欣赏，同时也是自己释放内在情绪的有效途径。最重要的，"绽放"的选择是一种全然关注当下的人生态度！哪怕你此生只"绽放"过一回，回首往事之时也足以欣慰地对自己说一句："我这辈子曾经'绽放'过，人世间来这一趟，值了。"

当然，人到年老也依旧可以绽放自我，人生最美夕阳红嘛！

多年后，当笔者偶然再次翻阅蔡智恒的《第一次的亲密接触》时，其中一些文字所折射出的一个人要坚持活出真我的精神，仍令人不禁动容。

我轻轻地舞动着，在拥挤的人群之中，你投射过来异样的眼神。诧异也好，欣赏也罢，都不曾使我的舞步凌乱。因为令我飞扬的，不是你注视的目光，而是我年轻的心。

2 最有意义的活法便是实现自我价值

> 生的终止不过一场死亡,死的意义不过在于重生或永眠,死亡不是失去生命,而是走出时间。
>
> ——余华

● 只要独立人格还在,人生就不止一种活法

人生是台大戏,务必本色出演。

你来到这儿到底是为了不辜负别人,还是要无愧于自己?

这是电影《奎迪:英雄再起》中,拳击手奎迪的教练洛奇在他上场比赛前向他提出的一个问题。数年前,笔者在观看这部影片时,对这句蕴含哲理的台词印象尤为深刻。

对此,奎迪的回答是:"我想要无愧于我自己。"是的,也唯有先无愧于自己,才有资格不辜负他人。

人生这台戏，每个人都可以选择不同的活法，甚至同一个人也可以拥有多种活法——就像一个优秀演员可以在一部戏中分饰多角一样。但是，无论你饰演了多少种角色，都唯有先无愧于自己才不会把戏演砸！换言之，"戏中"全情演绎，"戏外"收放自如，入戏+出戏=通透人生。

这就必须提到独立人格了。

未知的前路、善变的人心，都是我们走向通透人生的阻碍。没有清醒的、强大的独立人格这盏明灯为指引，迷失自我只不过是时间问题！国家也一样，当一个国家丧失国格，轻则沦为他国附庸，重则被他国蚕食、吞并；而人一旦缺失独立人格，整个人将会形同提线木偶，任他人摆布，甚至有可能影响整个国家。就像老舍在长篇小说《猫城记》中所说的："国民若失去了人格，则国便慢慢失去了国格。"

在《孔子问礼》中，老子对孔子说："天地无人推而自行，日月无人燃而自明，星辰无人列而自序，禽兽无人造而自生。"每个人，最终也都必须靠自己的双脚去走完这一生。

也因此，明白此生奔走之终极目的，在不同场景中演好每一个角色，就是对"做最好的自己"这句话的最好诠释！以此行事，则每一种活法都能达到稻盛和夫倡导的"不要有感性烦恼"的人生境界。所谓"条条大路通罗马"，当你用自己的活法见到了心中的罗马，也就自然来到了亚伯拉罕·马斯洛在"需求层次理论"中的最高层，即"自我价值实现"。

是的，一个在时代的大浪潮下依然不丢弃独立人格的人，不但能实现自我价值，而且会倍感自在。

● **心不迷失才能做出最优选择**

"人生是个积累的过程,你总会有摔倒,即使跌倒了,你也要懂得抓一把沙子在手里。"

网易创始人丁磊在多年前说的这句话,至今仍被许多年轻人奉为励志经典。

只是,少有人去深入思考的是:"沙"究竟是什么?"抓沙"的意义又是什么?一个被命运按在地上反复摩擦的人自顾尚且不暇,又如何、为何要去抓起看似无关前途的"沙"?这其实是向每个人提出的一个深刻的命题:在人生不同的境遇中,我们能为自己做出的最优选择是什么?

越在艰难处,越是修心时。

一如爱迪生的名言:"无论什么时候,不管遇到什么情况,我决不允许自己有一点点灰心丧气。"

在前文中,我们也曾指出:"一个人只要还没有在欲望的侵蚀下迷失本心,就仍有选择权!"哪怕是身处逆境甚至是绝境中,我们手中也依然握有两个选项——要么沉沦,要么奋起——沉沦者从此随波逐流,奋起者领悟人生。这就是为什么古今中外许多有才且忠贞不屈的人,都能在最失意的至暗时刻创作出传诵千古的名篇绝唱,而这些正是他们摔倒后"抓起的沙"。

人若迷失,早晚会步入歧途;心若失去归宿,这世界对他来说也只是更大的牢狱。

来看处于同一时代的两位著名历史人物:王阳明与唐伯虎。

公元1499年，在府试、乡试中均名列第一且作为四大才子之首的唐伯虎，在赴京参加会试时因"泄题案"受到牵连，不仅被剥夺功名，还一度身陷大狱，最后被下放到县衙当小吏。

也是在这一年，27岁的王阳明第三次赴京会试中了进士。但在1506年，王阳明因触怒刘瑾，被杖责40，并被发配到贵州龙场当驿丞，其间还以跳水假死才躲过追杀。

同样才华横溢，同样经历了至暗时刻，唐伯虎之后的人生却与王阳明有天壤之别！

归家后的唐伯虎消极颓废，筑"桃花坞"以自娱。在夫妻反目后，唐伯虎更是玩世不恭、游戏人生，从此一蹶不振！1524年，唐伯虎在穷困潦倒中病逝，临终前留给世人的四句绝笔诗是："生在阳间有散场，死归地府又何妨。阳间地府俱相似，只当漂流在异乡。"5年后，王阳明也因病而逝，他在弥留之际仍用最后一丝力气为后世留下极具教诲意义的两句遗言："此心光明，亦复何言。"

笔者无意对古人不敬，只为论证这样一个值得深思的真相：生活有权赋予我们任何经历，但我们也有权为每一段人生经历做出最优的选择。

心之所向，便是远方；此心不衰，终可到达。

3 发愿利众方为幸福之本

> 我的心里怀有一个愿望，这是没有人知道的：我愿每个人都有住房，每张口都有饱饭，每个心都得到温暖。我想擦干每个人的眼泪，不再让任何人拉掉别人的一根头发。
>
> ——巴金

人活一世，草木一秋。

正如吃饭是为了活着，但活着却绝不是为了吃饭！选择不同，人生便也不同。通往幸福的路径在哪里？谋道还是谋食？忧道还是忧贫？这是每一个有识之士都无法回避的重大选择。

很多人开玩笑时可能有过类似言论：

全国有14亿人，只要每个人给我一块钱，那我不就立马成为亿万富翁了吗？即使每个人只给我一分钱，我也轻轻松松是个千万富翁啊！

从理论上来说，确实如此，并且每个人给你一分钱，他们几乎也没什么损失，貌似没什么问题。真正的问题其实只有一个：凭什么？

爱一个人需要理由吗？或许不需要，但为一个人出钱，就一定要有一个正当、合适的理由。

既然如此，我们不妨试着换一种思维：

全国有14亿人，有那么多人需要帮助，要是我能用自己的所学和专长去帮助一些人成长，那我的生命该多有价值？！即使每次只能帮到一个人，我也不枉此生啊！

以青春之名，立青春之志愿。

中国政法大学郭继承教授在一次给大学生的讲座中说过这样一段话："作为年轻人，如果你总觉得个人的发展不够好，应该多问问自己有颗什么心，有没有真正持之以恒去追求一件事，有没有把自己的胸怀和格局打开，有没有念兹在兹都在想我能为国家做点什么事……"

只要你立下某个有益众人的志愿，就能帮到更多人成长，也就有更多人去成就你的成就！一如越具有使命感的企业家就越具有领导魅力，因为只有这样的领导者能让员工把公司当平台、把工作当事业，企业家则把团队视为伙伴。这便是范蠡的老师文子在《通玄真经》中指出的："圣人之心，日夜不忘乎欲利人，其泽之所及亦远矣。"

在电影《叶问3》中，叶问也有一段引用庄子的名台词："'时势为天子，未必贵也；穷为匹夫，未必贱也。'这个世界不是有钱人的世界，也不是有权人的世界，而是有心人的世界。"

从圣人对"道"的追求来说，人生大致要经历5个阶段，即问道、学道、悟道、得道、传道；而从普通人立下志愿的角度来看，则可以分为立愿、行愿、还愿三个阶段，笔者将其称为"有愿三连法"（见图9-1）。

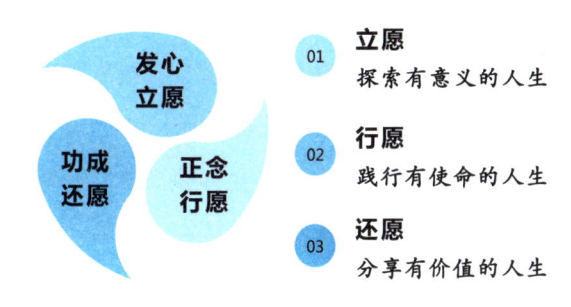

01 **立愿** 探索有意义的人生

02 **行愿** 践行有使命的人生

03 **还愿** 分享有价值的人生

图9-1 有愿三连法

当你选择了自己最擅长并喜欢的工作，同时又能帮助到他人，则人生的根本幸福，莫过于此。

第九章 "悟人生"小结｜精要回顾

◇ 无论你饰演了多少种角色，都唯有先无愧于自己才不会把戏演砸！换言之，"戏中"全情演绎，"戏外"收放自如，入戏+出戏=通透人生。

◇ 明确此生奔走之终极目的，在不同场景中演好每一个角色，就是对"做最好的自己"这句话的最好诠释！

◇ 一个人只要还没有在欲望的侵蚀下迷失本心，就仍有选择权。

◇ 生活有权赋予我们任何经历，但我们也有权为每一段人生经历做出最优的选择。

◇ 只要你立下某个有益众人的志愿，就能帮到更多人成长，也就有更多人去成就你的成就。

寄语 | **匠心成就人格魅力**

唯匠心能铸就品质
非极致不能成就品牌
十年树木，百年树人
人才战略是企业第一战略

生命不止
奋斗不息
唯有不怨不悔
方能无憾无愧

谁，是世上最可敬的人
常存利他爱人之发心
践行使命必达之志愿
谁，是世上最可佩的人

千磨万击,依然坚韧
风雨兼程,永守初心

谁,是世上最可亲的人
别人将辛苦看作付出
他们把付出视为成长
谁,是世上最可爱的人
他们将复杂枯燥交由自己
只为把简单方便带给他人

他们无愧于人间正道的守护者
以尊严守护誓言
用责任托起信任
他们就活在你我身边
深悟生命就应绽放
深知青春就要拼搏

成就社会价值与个人价值的共赢梦想
就是他们最大的梦想
这是他们一生认准的使命
也是他们毕生骄傲的荣幸
——他们是谁
他们就是以持之以恒的匠心精神
在书写自己人格魅力的每一位读者朋友……

后记 致谢

苍穹广袤，星空浩渺。

夜深人静之际，每当仰望那遥远的星空，笔者心头总会涌起一股难言的思绪。

人类之于宇宙，是如此的渺小——即便是这颗我们赖以生存的地球家园，一个人此生所能留下的痕迹、遇见的风景以及所学得的学识，都不过是一粒尘埃。

那么，在这短暂且珍贵的有限光阴里，作为一个人、一个普通人，又应以怎样的状态走完这一生？

答案是好好活着。

每个人都应当有尊严、有价值地好好活着。这既是我们生存的权利，更是生命存在的意义。而这也是笔者喜欢仰望星空的原因之一，不仅能驱走骄狂的浮躁，也能给人以灵魂的洗涤。有时我甚至会想：当我仰望夜空之时，在某颗星球上会不会有一道目光也正在遥望着我？

现实不是科幻电影,我们没法穿越空间,但有一样东西,却能无障碍地在一瞬间跨越时空。

是的,那正是每个人的思想。

魔法可以打败魔法,思想也正在影响思想。

当前社会,正能量比以往任何时候都更需要弘扬,"善知识"比过往任何时刻都更需要分享!这是因为,身处这滚滚的时代浪潮之中,当欲望、诱惑等一股脑地向我们扑来时,无论是那些自诩"久经战阵"的长者,还是刚入社会的新人,都难以轻言能时时守住本心,更何况许多涉世未深的青年以及尚在象牙塔内的莘莘学子。他们质朴的本心在这个满是套路的现实撕扯下又能抵挡多久?

2007年,世界前首富比尔·盖茨在博鳌亚洲论坛上分享了一段话:"今后无论出生在什么样的国家和家庭将不再重要,重要的是他受到了什么样的教育,因为地球一直是圆的,但未来的世界是平的。"

一念至此,愈发感佩梁启超先生在《少年中国说》中的真知灼见:"少年强则国强,少年智则国智"——而作为一名立志终生从事教培工作的教育工作者,还有什么比著书立说更适合播种正能量、传承善知识呢?

集腋成裘,聚沙成塔。

曾有不止一个朋友问我:你这一本本书都是怎么写成的?你哪来那么多灵感?整日埋首文字间你的大脑不会疲倦吗?

相较于那些始终不忘初心的优秀企业家、一个个英勇无畏的消防战士……一头扎进知识的海洋中所损耗的脑细胞,可真称得上"小巫见大巫",甚至是一种幸运了。

说幸运，还因为在这一章章、一节节的写作过程中，绞尽脑汁的笔者还得到了许多前辈、良师的鼎力支持。

可以说，若无他们早在撰稿之初就给予的鼓励，这本《吸引力：成就人格魅力的9项修炼》绝不会如此顺利问世。更可贵的是，有几位良师，笔者至今尚未见过一面。早已经功成名就、财富自由的他们仅因与笔者所述观点不谋而合，便欣然题笔为本书写推荐语，他们那深嵌人格之中的慷慨及朴素大爱，都给了笔者莫大的鼓舞、信心与力量。

因此，请允许我在此与本书另一位联合作者季长瑜先生，共同向为本书做推荐的11位前辈和良师躬身致敬（以下排名不分先后）：

中国知名节目主持人、导演、畅销书作家　　　秋　微　老师
著名华人管理教育家、国际经济学博士后　　　余世维　导师
上海市企业联合会副会长、亚泰财富集团董事长　杨顺发　先生
华师经纪创始人、华师兄弟集团董事长　　　　王贤福　先生
中国佛教协会理事、嘉兴香海禅寺方丈　　　　贤　宗　法师
上海市室内装饰行业协会会长、聚通装饰集团董事长

　　　　　　　　　　　　　　　　　　　　　徐国俭　先生
杭州阿南哒静修中心、《呼吸与冥想》创课主讲　咚　咚　老师
上海遵义商会会长、美酒河供应链（上海）有限公司董事长

　　　　　　　　　　　　　　　　　　　　　袁贵华　先生
江苏中研华夏中医药研究院院长　　　　　　　戴国华　先生
上海新长兴建设发展有限公司党委书记　　　　杨福香　先生
杭州畅众环保科技有限公司董事长　　　　　　郭连涛　先生

同时，我要特别感谢本书的合作伙伴：盛世出版服务网的总编辑王景老师、装帧设计金刚老师，本书从选题、排版直到封面定稿，他们都给予了相当专业的见解，令人印象深刻。

缘落缘起，犹如花谢花开；冥冥中，总有一些人在我们前路的某个地方等待着与我们相遇。

曾经的年少轻狂，让笔者亦曾走过不少弯路，幸而，这一路走来总有许多在顺境中肝胆相照、在逆境中也依然信任如常的企业家朋友，很大程度上，本书这9项修炼正是从他们身上散发着光辉的特质中提炼而来！在此一并致谢：

亚泰集团常务副总裁唐志雨先生，副总裁杨亚军先生；英途集团董事长俞传恩先生，战略发展部总监毛丽君女士；莱仪堂&升艾堂品牌创始人秦桂枝女士；雄达国际物流集团董事长廖雪峰先生；上海巅峰健康科技股份有限公司董事长余安奇先生、联合创始人冯磊先生；新疆疆来餐饮文化管理有限公司董事长周颖女士；新疆三仟健康管理有限公司创始人许春燕女士；宁波臻尚品牌发展有限公司董事长朱召国先生；江苏共得教育科技发展集团总经理吉陵先生；仲企集团董事长杨永强先生、总经理黄金玉女士；创业无忧企业服务有限公司总经理杨永辉先生；宁波联美工艺品有限公司总经理韩宝毅女士；马可波罗瓷砖上海总经理朱佳先生；上海一心玛特超市有限公司总经理毛瑞庆先生；上海翌嘉建筑装饰工程有限公司总经理徐成高先生；企福置业集团董事长张建军先生；嘉兴航卓真空软管有限公司总经理吴直昂先生；深圳会无忧会务服务有限公司联合创始人王林霞女士；江苏全友电气有限公司董事长董平先生；扬中金安童装品牌创始人陈俊保先生；上海花嫁丽舍婚庆股份有限公司总经理邓嘉业先生、董事施丽君女士；急速国际物流集团人力资源总监周剑敏先生；行动教育上海公司总经理郝珊丽女士……

以及为本书间接提供支持或建议的一众老友：

刘鹏伟老师、杨素静老师、王风范老师、刘晋豪老师、乔天骄老师、刘碧瑛老师、张尚老师；袁泰、翁超、华磊、杜盼盼、高冰、王超、余祖文、张瑞粉、李艳、谢怀莉、何锋、吴发勇、乔伟……

此外，还要合掌感恩香海禅寺的监院宗清师父的慈悲喜舍，在笔者中途写作灵感几近枯竭的紧要之时，正是借助香海道场的清净庄严才重新恢复了写作。

篇幅所限，应当致谢名单未能一一尽述之，乞见谅。

我深知，唯有在余生将这些前辈良师的人格魅力与大爱精神广为传播，才算不负他们至珍的信任和期许！是以，特在落笔之际郑重发愿：在未来10年内，笔者将以本书为媒在全国完成1000场公益巡讲，亦请广大读者和朋友们监督。

书不尽言，同道同行，此心永勉。

季长瑜　乔思远
2024年3月31日 于上海

推荐语

杨顺发　上海市企业联合会副会长、亚泰财富集团董事长兼总裁

　　作为人格魅力的集中体现，吸引力在职场和生活中的各个层面都发挥着重要作用。本书呈现的既是一个人闪耀的精神特质，也是自我修炼之路的精华，值得我们每个人分享。

王贤福　华师经纪创始人、华师兄弟集团董事长

　　能够吸引我们的东西有很多，但大多数只能吸引我们一时，唯有人格层面的吸引能够持久。与具有人格魅力的人交往如饮美酒，回味无穷。从古至今，内圣才能外王，修己而后达人，这本书细细品读，必能受益。

徐国俭　上海市室内装饰行业协会会长、聚通装饰集团董事长

　　西方管理学认为领导力源于两个方面：一是专业能力，二是人格魅力。没有日积月累地修炼，人格魅力就不会成为人格的一部分。《吸引力》一书在阐述修炼人格魅力的9个维度时引用了大量实用的案例，值得细读。

咚咚老师　杭州阿南哒静修中心、《呼吸与冥想》创课主讲

　　这本《吸引力》真实且完整地展现了身处现代都市中，每个人应如何践行修心、处世、成才的方法，能给成长路上的青年人以方向指引，避免其沉迷在狭隘的自我认知怪圈中不能自拔。

袁贵华　上海遵义商会会长、美酒河供应链（上海）有限公司董事长

每个人都可以通过学习、训练提升人格魅力。本书从9个维度系统阐述了如何成就人格魅力，是一本求真务实、值得细品的好书，建议团队成员在阅读后相互分享与讨论。

戴国华　江苏中研华夏中医药研究院院长

身处充满诱惑与未知的人生路上，是什么在为我们一路保驾护航？人格魅力绽放的光芒犹如一盏指路明灯，指引着我们走向康庄大道，这也正是《吸引力》一书的精华。

郭连涛　杭州畅众环保科技有限公司董事长

吸引力是帮助职场人登上人生巅峰的第一力。本书从9个方面阐述了普通人如何获得吸引他人的魅力，并通过典故、企业家故事等加以佐证。静读细思，定能收获魅力人生。

杨福香　上海新长兴建设发展有限公司党委书记

对职场人而言，最珍贵的内在财富当属人格魅力。不论其谋求的是升职、加薪，还是安稳度日，有魅力的人总能比同行者更容易实现心中所想。如何让自己更具吸引力？答案尽在本书中。